『戦争論』クラウゼヴィッツ語録

加藤秀治郎＝編訳

nbb
日経ビジネス人文庫

はしがき

本書は、クラウゼヴィッツ『戦争論』のエッセンスを、『語録』の形にまとめ、一般読者が理解できるようにしたものである。お手本としたのは、塩野七生さんの名著『マキアヴェッリ語録』（新潮文庫）である。二〇一七年に一藝社より刊行した『クラウゼヴィッツ語録』を改題し、加筆してこの度、文庫化した。

マキアヴェッリについては、今ではかなり分かりやすい翻訳書も出ており、『君主論』や『ディスコルシ』（ローマ史論、政略論、リウィウス論）を直接読んでも通読できるようになっているかと思うが、クラウゼヴィッツについては未だにそうではない。書名のみが知られ、「有名だが読まれざる古典」の代表格のようになっている。本書は、拙訳『縮訳版 戦争論』（日本経済新聞出版）とともに、この状況を打破する取っ掛かりを創る試みである。

解説本は既に多く、なかなか良くできたものも少なくない。だが、解説だけで終わるのでは残念で、いまひとつ本質に迫れないだろう。読後に抄訳でよいから直接、原典に当たってみていただきたいのである。本書でも難しいと思われた方は、巻末に読書案内を付したので、先に入門書にあたられたい。

以下、いくつか方針のようなものを書いておく。大半は塩野さんの『マキアヴェッリ語録』と同じであり、先行例をつくっていただいたことに感謝したい。

一、註をつけると煩雑になり、それが通読の邪魔となることがあるので、一切つけないことにした。必要な補足は〔 〕の中に入れて、本文中に繰り込んだ。

一、「解説書」ではなく、「エッセンス」（抜粋）としたのは、クラウゼヴィッツの思想に部分的であれ直接ふれてみる機会を提供したかったからである。

一、時代状況の相違があるので、言葉の「抽出」にあたっては、現代日本の状況で重要と考えられる部分を重視した。何をエッセンスと考えるかは、当然、選ぶ人により違いがあるが、私なりの現段階の判断でまとめた。

一、訳文は既存の翻訳を参考にしながら、ドイツ語の原典にあたって作成した。長い文章を切るなど、かなり自由に訳したが、句によっては既存の訳のままに近いものもある。

一、言葉の前に見出しのようにゴシックで入っている文は、編訳者が付したものである。内容を圧縮したものの場合もあれば、補足情報を入れたものの場合もある。

一、文章には、原文に出てくる篇、章などのナンバーを付けた。それを手掛かりに『戦争論』に直接あたり、前後の文脈を確認できるようにするためである。

不十分な点が多々あると思う。読者の皆様の指摘を参考にしながら、今後、ベターなものをつくりたいと思っているので、編集部にぜひ感想をお寄せいただきたい。誤訳などもあることと思う。編訳者はこれまで幾つかの訳書を手掛けてきたが、改訂の機会があれば必ず改めてきたので、この本についても遠慮なく指摘いただくよう、お願いしておきたい。

最後に、凡例のようなことを、二、三、加えておく。

一、解説めいたことは書かないこととし、解釈は読者に委ねるようにした。どうしても必要と思われる補足は、単元の扉の短い文章に入れた。

一、翻訳にあたっては、四種類の先行全訳・抄訳を随時、参照した（中公文庫、岩波文庫、芙蓉書房出版、徳間書店）。また、定評のある英訳（ハワード&パレット訳）も参考にした。

一、ドイツ語の原語を示すと、全体に硬い印象となるので避けた。原語をどうしても示したい場合は、ルビで示した。ドイツ語よりは英語表記の方が読者には馴染《なじみ》があると思われるので、ほぼ対応している言葉の場合は英語でのルビとした。それ以外のケースではドイツ語にした。

二〇二二年五月

編訳者　加藤秀治郎

『戦争論』クラウゼヴィッツ語録／目次

2 絶対戦争と現実の戦争

4 戦争の本質 85

5　戦争理論の意義と限界　

8 指導者の精神力 145

9 勝敗を分かつもの

10 戦場の情報・摩擦・賭け 175

11 国民戦争の出現

14 攻撃と防御

15 軍事行動の中断　245

16 戦争と時間

17 戦争と同盟　267

1
戦争とは何か

解説

戦争とは「異なる手段をもって継続される政治」との有名な定義が出てくる。「戦争は相手に自らの意志を強制するものだ」との、これまた有名な規定も出てくる。定義の方は『戦争論』の冒頭に出てくるものだが、これと微妙に表現の違う定義が巻末の方に出てくる。戦争とは、「異なる手段を交えた、政治的交渉の継続」というのがそれだ。両者を並べておくので、二つの定義は言い換えか、別ものか、読者もひとつ頭をひねってみてほしい。

戦争とは、異なる手段をもって継続される政治に他ならない

〔本書草稿の書き換えにあたっては〕戦争の考察で、実際に必要な観点が明白かつ正確に確立されねばならない。戦争は〔政治的手段とは〕異なる手段をもって継続される政治に他ならない、ということがそれである。常にこの観点が維持されるならば、戦争に関する考察はこれまでよりもはるかに整然と統一されたものとなろう。

（覚え書）

戦争は、「二者の決闘」の拡大版とイメージせよ

〔純粋な概念として考える場合〕戦争の本質的要素については、二者の決闘という点から考えるとよい。決闘する者はすべて、互いに物理的な力をふるい、完

全に自分の意志を押しつけようとする。敵を打ち負かし、後の抵抗を不可能とすることが、当面の目的である。戦争は自分の意志を敵に強要する力の行使である。

（1篇1章2）

戦争は相手に自らの意志を強制するものだ

戦争での力の行使については、〔戦時〕国際法や国際慣習により自制することがあるものの、それらの制限はとりたてて言うほど強いものではなく、厳しい強制力はない。……戦争での物理的な力は手段であり、相手に自分の意志を強要することが目的なのである。この目的を確実に達成するには、敵の抵抗力を無力なものにしなければならない。

（1篇1章2）

敵の完全な粉砕とは抽象的な意味の戦争であり、一般には存在しない

抽象的な意味では、戦争は政治目的を達成する窮極的な手段である。つまり、敵の抵抗力を完全に剥奪・粉砕することだが、そういうことは現実の世界では、必ずしも一般に存在するわけではない。また、講和のための絶対的な必要条件というわけでもない。

（1篇2章）

戦争は他の手段による政治の継続にほかならない

戦争というものは、政治的行動であるだけでなく、政治〔としての対外政策〕の手段でもある。彼我両国の間で政治的交渉を継続するなかで、それとは別の手段を用いて、政治的交渉を継続する行為と言えよう。……政治的意図こそが目的

であり、戦争はその一手段に過ぎず、いかなる場合も手段は目的を離れて考えることはできないからである。（1篇1章24）

戦争は、異なる手段を交えた、政治的交渉の継続である

戦争は政治的交渉の一部であり、それ自身が独立して存在するものではない。……だが、戦争が始まると政治的交渉は中断され、まったく別の状態になって、戦争独自の法則に従うようになる、と考える人が多い。「それは誤りであり、」私はこう主張する。――戦争は、異なる手段を交えた、政治的交渉の継続にほかならない、と。（8篇6章B）

戦時においてもまた、政治は中断することなく継続する

〔戦争は、異なる手段を交えた、政治的交渉の継続にほかならない。その間、〕政治的関係は戦争そのものによって中断もしなければ、まったく別のものに転化するのでもない。用いる手段がどうであれ、政治的やり取りは本質的に継続しており、戦争での事象を貫く主要な流れは、開戦から講和に至るまで、切れ目なく続く政治の姿なのである。

（8篇6章B）

戦争は独自の論理で動くものではなく、政治的関係から切り離しえない

確かに戦争には独自の方法《グラマー》のようなものはある。しかし、戦争には独自の論理などは決してありはしない。それゆえ、戦争は決して政治的関係から切り離しえ

ないものである。もし切り離して考えるようなら、関係するあらゆる糸が切断され、戦争は意味も目的もないものとならざるをえない。

（8篇6章B）

敵戦闘力の撃滅とは皆殺しではない。闘争継続を不可能にすることだ

戦闘力は撃滅されねばならない。言い換えると、敵の戦闘力をして、もはや闘争を継続できないような状態に陥れなければならない。本書で「敵の戦闘力の撃滅」という時は、この意味で理解されるべきであることを、断っておこう。

（1篇2章）

戦争の真相に迫るには、純粋な理念型とは異質な夾雑物も考慮に入れよ

戦争の真相については、単にその概念から構成するのではなく、そこに混入してくる一切の夾雑物《きょうざつぶつ》も考慮に入れることを承認しなければならない。諸部分に見られる本来の不活発性、軋轢《あつれき》、人間精神の自己矛盾、不確実性、怯懦《きょうだ》などがそうである。……戦争が絶対的形態をとる場合においてさえそうであり、ナポレオンの下にあってもそうだったのを、認めねばならないのだ。（8篇2章）

戦争理論は、夾雑物の存在を認めた上で、戦争の絶対的形態を普遍的指標に使う

戦争の理論はそれら［夾雑物《きょうざつぶつ》の］すべてを承認しなければならない。だが、戦争の絶対的形態を頭上高く掲げ、それを照準点として用いることは、理論の義務

でもある。そうすれば、理論から何ものかを学ばんとするものはこれを見失うことなく、一切の希望や恐怖の尺度とし、可能な場合や必要な場合、いつでも理論に接近できるはずである。

（8篇2章）

2
絶対戦争と
現実の戦争

解説

クラウゼヴィッツは、ナポレオン登場以後、戦争が「絶対戦争」の色彩を強めたことを強調した。そのことから、相手国の軍の撃滅を目的とする「絶対戦争」を説いた論者と思われてきた。だが、彼はまた、現実の戦争は必ずしもそうなるとは限らないことを随所で強調している。絶対戦争は、理論的に純粋な「理念型」のようなものとして考えられており、それに近い戦争とそうでない戦争の、二つがあるとしたのだ。

戦争には二重の性質があり、敵の打倒と利益の奪取では、企図はまったく別だ

戦争には二重の性質がある。……一方は、敵の打倒を目的とする場合に、戦争が帯びる性質である。敵を政治的に撃滅するか、単に無抵抗ならしめ、欲するままに講和を強制するものかは問わない。他方は、単に敵国の国境付近で幾ばくかの領土を手に入れるのを目的とする場合に帯びる性質である。その地を永久に領有するか、講和の取引材料とするかは問わない。一方の性質から他方の性質に変わることもあるが、二つの性質の戦争では企図がまったく別である。（覚え書）

まず戦争の純粋概念を考える。だが、それだけでは観念の遊戯に終わる

戦争の純粋概念を絶対的な基点とし、設定する目標や用いる手段を引き出そう

とするならば、〔次項以下に述べる、第一、第二、第三の〕不断の相互作用の過程を通じて極限点に至らざるをえないこととなる。だがそういう事態は、……観念の遊戯以外の何ものでもないであろう。……抽象的世界から現実的世界に入っていくと、すべてが別の様相を呈してくるのだ。

（1篇1章6）

敵味方の第一の相互作用の中で、戦争は極度のものになりうる

戦争は力の行為であり、その行使には限界がない。だから一方の力は他方の力を呼び起こし、相互作用が生じ、それは理論上、極度のものにならざるをえない。これが戦争に見られる第一の相互作用であり、第一の無限界性である。

（1篇1章3）

敵に対する不安から第二の相互作用が生じ、戦闘はエスカレートする

敵を粉砕してしまわないことには、敵がわが方を粉砕するのではないかと、常に恐れていなくてはならないこととなる。そこで、自制がきかない状態となる。わが方が敵の抵抗を惹《ひ》き起こすように、敵もまたわが方の抵抗を惹き起こすこととなる。ここに第二の相互作用が生じ、第二の無限界性が生み出される。

（1篇1章4）

敵に応じて力を行使し、張り合うという、第三の相互作用で、戦争はエスカレートする

敵の抵抗力をある程度、正確に知りえたなら、こちらの努力の程度を調整できる。敵を圧倒するほどの力を傾注するか、あるいは、それだけの余力がない場

合、可能な範囲で強化する。だが、敵も同じことをするから、張り合うことになり、理論上、必然的に極限に向かうこととなる。これが第三の相互作用であり、第三の無限界性である。（1篇1章5）

その純粋概念とは異なり、実際の戦争では相手に応じた行動となる

〔戦争で〕相闘う二者は、〔現実には〕純粋な概念上の存在ではなく、具体的な国家、政府である。戦争もまた単に観念的な行動ではなく、独特の姿をとる実際の行動のプロセスなのであり、それ以外の何者でもない。だとすれば……戦争当事者は、それぞれ敵の性格、装備、状態、諸条件に基づき、蓋然的な法則を手がかりに相手の行動を推測し、それに応じて自らの行動を決めていく。（1篇1章10）

どんな政治目的かによって、軍事力行使の仕方も変わってくる

〔戦争の無限界性が弱まると〕戦争の本来的な動機たる政治目的が、再び幅を利かすようになる。……政治目的が小さいものだと、それはあまり重要視されず、場合によってはその目的を諦めるのも容易だ。……政治目的は、軍事行動で達成する目標についても、力の行使についても、それを規定する尺度となる。

（1篇1章11）

戦争がすべて撃滅戦争なのではなく、睨み合いだけの戦争もある

軍事行動の目標が政治目的に対応している場合、政治目的が控え目なものであるのに応じて、一般に軍事的目標も控え目になる。また、政治目的が高度に重要

なものなら、軍事的目標も高くなる。このことから、撃滅戦争から武装での睨《にら》み合いまで、戦争はそれぞれ軽重さまざまなものとなっているのが理解できよう。

（1篇1章11）

戦争の純粋概念からいうなら、戦争の政治目的は本来、戦争と別の領域のものだ

戦争の純粋概念を確認しておくなら、こう言わなければならない。戦争の政治目的は、本来、戦争とは別の領域にあるものだ、と。戦争が敵を屈服させ、こちらの意図を受け容れさせる力の行使だとするなら、常に敵を打倒すること、つまり敵の抵抗力を奪うことだけが唯一の目的となり、それだけで十分なはずだからである［だが、政治が関わるのでその通りとはならない］。

（1篇2章）

純粋概念の戦争と現実の戦争とは別だ。概念と現実は同一ではない

純粋概念から演繹された戦争の目的は、一般に現実の戦争と適合しない。……概念と現実は同一ではないからである。戦争が純粋概念どおりのものなら、明確に戦闘力で差の開いた二国の間で戦争が生じるのは不合理なこととなる。……だが、現実にはそういう戦争もあり、それは現実の戦争と、純粋概念上の戦争が著しく様相を異にすることが多いからである。

（1篇2章）

敵を打倒するよりも早い段階で、講和となることもある

抵抗を続けるのを不可能ならしめるほど敵を追いつめず、現実の戦争ではその前に講和となることがあるが、その動機には二つがある。第一は勝算が全然成り

立たない場合であり、第二は勝利のために支払う犠牲があまりにも大きい場合である。……〔現実の〕戦争は内的必然性の強い法則性を離れて、蓋然性による推測に従わざるを得ないものだ。……戦争は必ずしも敵を打倒するところまで遂行されなくてよいのだ。

（1篇2章）

戦争での目標の達成にはいろいろな方途がある

戦争では目標の達成にはいくつもの方途があり、すべてが敵の打倒と結びついているわけではない。敵の戦闘力の撃滅、敵国の一部地域の一時的、長期的な占領、直接的な侵略、政治と直接結びついた工作、敵の攻撃の受動的待ち受けなどがある。これらはすべて、個々の具体的なケースの特性に応じて、敵の意志を屈服させるのに用いられる手段である。

（1篇2章）

戦争の形態には無数のものがあり、いずれも現実に発生する

目標達成のさまざまな近道を過小評価したり、それをめったにない例外と考えたり、それによって生じる作戦上の差異を軽視したりしてはならない。それには戦争を呼び起こす政治目的の多様性を自覚する必要がある。戦争には国家の存亡をかけた皆殺しの戦争もあれば、……同盟上の義務から嫌々行われる戦争もあり、無数の種類がある。どれも現実に発生するのだ。

（1篇2章）

戦闘力の撃滅といっても、戦闘意志を放棄させるに止《とど》めるものもある

敵の征服とは何を意味するのか?——それは常に敵の戦闘力を撃滅することに他ならない。殺したり傷つけたりするのか、他の方法によるのかは問わない。ま

た、敵の完全な撃滅なのか、戦闘継続の意志を放棄する程度にとどめるかは、問うところではない。それゆえ、戦闘の特殊な目的を度外視すれば、全面的もしくは部分的な敵の撃滅が、戦闘の唯一の目的である、とすることができよう。

（4篇3章）

戦争の中には、攻撃側と防御側の相違が見えないような戦争もある

戦史を見ると、一方が攻撃行動をとっており、意志も明白なものの、その意志が薄弱で、いかなる代償を払っても目標を達成するとの気概が見られない場合がある。必要なら決戦をも辞さないという覚悟もなく、ただ状況からもたらされる利益で満足している、という戦役である。……この場合、攻撃側も防御側と何ら異なるところがない。

（6篇30章）

戦争には決戦を求めないものもあり、現実は多様である

戦役には〔決戦を求めるものと、そうでないものの〕二つの極端な場合があり、両方の特徴を論じねばならない。現実の戦争はたいてい、その二つの極端な例の間に位置づけられる。決戦による事態解決の挙に出ない場合は、戦争の絶対的形態がそのまま見られるわけではないのである。（6篇30章）

絶対戦争は究極的な「理念型」だ。現実の戦争はそれとは異なる

本来、〔絶対戦争からすると〕軍事行動に中断などありえず、一方の軍が打倒されない限り、軍事行動の終結は決してありえない。しかし、……この敵対の原理も〔純粋な「理念型」のようなものであり〕、実際の敵対者や戦争を構成して

いる一切の事情に適応される場合、それとは別となる。それらの諸要素の内的な理由により、発現が妨げられたり、弱められたりするのだ。

（8篇2章）

戦争は長らく絶対戦争から遠のいていたが、ナポレオンが絶対戦争に近づけた

人は〔長らく理論上の絶対的な概念から離れた〕戦争ばかりを見てきた。絶対的な戦争を経験しなかったなら、戦争の絶対的性質についての本書の概念に疑問が抱かれたであろう。だが、勇猛果敢なナポレオンが、たちどころに戦争をこの水準まで至らしめた。戦争は敵を完全に打倒する時点まで間断なく継続され、敵も間断なく反撃を実行した。

（8篇2章）

戦争には絶対戦争らしい戦争もあれば、そうでないものもある

戦争は個々の事情から発生し、戦争の形態もその個々の事情によって決定されざるをえない。……種々の可能性、蓋然性、運不運に左右されざるをえないのである。……ということは、戦争はある場合には、はなはだ戦争らしいものとなるし、ある場合には極めて戦争らしからぬものとなる。

（8篇2章）

絶対戦争、現実の戦争のどちらに着眼するかで、結果の捉え方も異なる

戦争の絶対的形態に着眼するか、それとは多かれ少なかれ異なる現実的形態のいずれに着眼するかで、戦争の結果についても考え方が二分される。絶対的形態では……どっちつかずの空白というものは生じない。……絶対戦争の結果は、最

終的結果だけが問題であり、その結果に至るまでは、いかなる勝敗の決定も、利益も損害もありはしない。《終わりよければすべて良し》という考えである。

（8篇3章A）

絶対戦争から遠い戦争では、結果は点の取り合いと見られる

戦争についての〔絶対戦争とは〕別の極端な考え方〔現実的戦争〕によれば、戦争の結果は個々に独立した諸々の成果の累積となり、ゲームでの対戦のごとく、前の試合の結果は、後の試合に何らの影響も及ぼさない、という考え方になる。ここでは成果の合計だけが問題となり、個々の成果は得点として蓄えておけるものとなる。

（8篇3章A）

戦争の理論では、二つの戦争の概念がともに必要である

戦争の第一の考え方〔絶対戦争〕が事物の本性からして真実だとすれば、第二の考え方〔現実の戦争〕は歴史に照らして真実である。……〔そして〕第一の考え方が完全に妥当する戦争などまずありえないように、どの点でも第二の考えが適合するような戦争もほとんどありえない。……これら二つの考え方は、何らかの結果を伴うものであるが故に、理論はそのいずれをも欠くことができない。

（8篇3章A）

他国を威嚇《いかく》し、交渉を有利にするためだけの戦争もある

政治目的が戦争に及ぼす影響を認めるとするならば、どのような戦争も戦争と

見なされなければならない。そこにも限界はなく、〔絶対戦争とは逆方向での〕極端な場合もある。敵を威嚇し、交渉を有利にするだけが目的の戦争も存在するのである。……軍事行動の動機が弱く、行動を抑制する要因が強い場合には、それだけ消極的で、不活発になり、戦争本来の原理から遠ざかるようになるのである。

（8篇6章A）

現実の戦争には中途半端で、自己矛盾を含むものも見られる

現実の戦争は〔絶対戦争の〕概念通りに首尾一貫したものでもなければ、極端なまで力を推し進めるものでもない。戦争は、中途半端なもの、自己矛盾を含むものなのである。また、戦争そのものが、それ自体の法則にだけ従うことはありえず、ある全体の一部と見なされねばならない。その全体とは、政治そのもの以外の何ものでもない。

（8篇6章B）

現実がどうであれ、絶対的形態の戦争を忘れてはならない

戦争が政治に属するものだとすれば、戦争が政治によって特質づけられるのは当然である。政治が大規模で強力になれば、戦争もそうなる。その程度は際限なく、戦争はついには絶対的な姿に到達する。だから、「そうでない形態の戦争がいくら存在しても」絶対的形態の戦争を無視する必要などない。いや、絶えず絶対的形態を思い浮かべていなければならない。（8篇6章B）

限定的な攻撃戦争の目標としては、敵国の一部領土の占領がある

敵の撃滅を目標としえない場合でも、なお直接の積極的目標が存在しうる。ただ、積極的目標といっても敵国の一部の占領以上ではありえない。そうした占領

の有効性は、敵の国力、戦闘力を弱め、自軍の戦闘力を増大させる点にある。部分的にせよコストを敵に負担させるものである。さらには、敵の一部領土の占領は、講和の際に純益と見なせる。……他の利益になるものとの引き換えに使えるからだ。

（8篇7章）

3
戦争と政治

解説

戦争が「政治の継続」ならば、戦争は政治的意志の下に置かれることになる。政治目的によって軍事活動が決められるのであり、したがって戦争は政治的活動、と言える。何をもってクラウゼヴィッツが「政治」と考えたかは、記述が少ないが、マキアヴェッリのように「国益」を想定しているようだ。後に「国家理性《レーゾン・デタ》」と呼ばれるようになるものがそれだ。政治指導者には、複雑な情勢の中で、それを認識する知性（悟性）が求められる。

戦争になると、政治は押しのけられるとの考えは完全な誤りだ

抽象的な概念からは、戦争は力の完全かつ絶対的な発現となるが、そこからはこう考えられやすい。戦争が政治から始められるにしても、始まってしまうと政治から完全に独立したものになり、政治は押しのけられ、戦争独自の法則に従うようになる、と。……だが事実はそうではない。そう考えるのは根本的に間違っている。

（1篇1章23）

政治は全軍事行動を貫徹し、軍事行動に影響を与え続ける

戦争が政治目的から発することを考えると、戦争を呼び起こした最初の動機が、戦争用兵でも終始、最も強く意識されるのは当然だ。だが、だからといって

政治目的が圧制者のように支配するわけではない。政治目的も手段の性質に適合しなければならず、大きく性質を変えることがあるのだ。それでも、政治目的が優先的に考慮されることに変わりはない。政治は軍事行動の全般を律し、……軍事行動に間断なく影響を及ぼし続けるのだ。

（1篇1章23）

すべての戦争は政治的行動と考えることができる

政治が全く消滅してしまったかのような戦争もあれば、逆に政治がはっきり前面に出てくる戦争もある。だが、どちらも政治的行動だと言ってよい。……因襲的に考えられてきたように、政治について、ただ力を回避し、慎重に対処し、老獪《かい》に事を運び、不誠実との悪評を辞さない要領の良さと考えていては、その片面しか理解できない。

（1篇1章26）

政治は全般的情勢を洞察するものであり、どんな戦争でも政治の考慮が働いている

〔二種類の戦争の一方では政治が消滅してしまったように見えるが、そうではない。〕国家を一人の人間と考え、政策（政治《ポリティーク》）は国家の頭脳によって生み出されると考える場合、政策は内外のすべての情勢を計算により把握したものである。その全情勢には、政治が消滅してしまったように見える戦争を起こす情勢も含まれているに違いない。〔これも含め〕政治・政策は内外の全般的情勢についての洞察なのである。

（1篇1章26）

戦争は局面でカメレオンのように変わる。戦争は独特の三位一体をなしている

戦争は、具体的な局面で性質を変え、カメレオンさながらだ。また、戦争の全

体像から支配的傾向を見るに、独特の三位一体をなしている。〔第一は〕盲目的本能と見なせるような憎悪・敵意を伴った、本来的な暴力性だ。〔第二に〕計算可能性と偶然性を共に含む賭博の要素で、それが戦争を自由な精神活動としている。〔第三に〕戦争は政治の道具だという従属的性質であり、それにより戦争は純然たる知性（悟性）の下に置かれている。

（1篇1章28）

戦争は、三位一体の性質からして、三者と関連している

〔戦争の三位一体の〕三つの側面は、第一が主に国民に関連し、第二は概ね軍司令官と関連し、第三は政府と関連している。戦争で燃え上がる激情は、戦争に先立って国民の中に醸成されていなければならない。偶然という蓋然性の領域で、勇気と才能がどれだけ活動しうるかは、軍司令官とその軍隊の特質による。政治目的は政府にのみ関連している。

（1篇1章28）

三位一体から生じる三つの傾向につき、戦争の理論は均衡を図れ

〔戦争の三位一体から生じる、①憎悪や敵意を伴う暴力の要素、②計算可能性・偶然を伴う賭博の要素、③政治の道具という政治への従属的性質、という〕三つの傾向は、戦争の本質に深く根ざしており、また、その重要性は時々に変化する。いずれかの傾向を考慮しない理論、三者間の関係を勝手に定めようとする理論は、たちまち現実と矛盾に陥る。……それゆえ戦争の理論では三つの傾向にいかに均衡を保つかが課題となる。

（1篇1章28）

戦争は政治目的により異なり、必ずしも敵の打倒まで遂行されるとは限らない

講和への動機で、さらに有力なのは……戦力のコストについての考慮である。

戦争とは決して盲目的な激情による行為ではなく、政治目的により起こされるものである。そうである以上、政治目的の価値の大小により、払われるべき犠牲の大小が決まってくるのは当然である。……戦力の消耗が政治的価値に釣り合わないほど大きくなると、政治目的が放棄され、講和が結ばれることとなる。

（1篇2章）

講和が重要なのは、講和が締結されると人々の抵抗が止むからだ

講和が締結されると、密かに燃え続けていた〔抵抗への〕感情の火も消え失せ、緊張も次第に弛《ゆる》んでゆくものである。どの国の国民にも、またいかなる状況下でも、常に平和を求める人が多数いるのであり、講和が締結されると、そういう人びとは抵抗することなど考えないものだからである。

（1篇2章）

当初の政治的意図は、戦争の過程で変わっていくことがある

当初の政治的意図は、戦争の経過の中でしばしば大きく変わっていくものである。最後にはまったく別のものとなることすらもある。というのは、それまでに得られた戦果や、今後の予測される成否によって、当初の政治的意図に修正が加えられていくからである。

（1篇2章）

戦いの最終目的は、所期の条件での講和の締結である

戦いの目標は勝利だが、もちろん勝利が最終目的ではない。戦いの最終目的は、自国の維持と、敵国の屈服である。言い換えると、所期の条件での講和の締結である。というのは、その講和においてのみ紛争は最終的に調整され、双方の

間での決着がもたらされるからである。

（6篇27章）

戦争の「目的」と「目標」とを明確にすることなく開戦してはならない

戦争によって何を達成し、また戦争において何を得るか、との問いに答えないまま開戦する者はいないだろう。いや、言い換えると、合理的な者ならそのような戦争は始めるべきではない。戦争で何を達成するかが戦争の目的であり、戦争で何を得るかが戦争の目標である。この基本的構想により、すべて方向性が決まり、手段の範囲、力の分量が決められる。

（8篇2章）

敵に加える強制力の如何《いかん》は、真の政治的要求の大小で決まる

戦争という手段を使い、敵に加える強制力は、双方の政治的要求の大小によって決まる。この場合、双方が互いに相手方の政治的要求の大小を認識していれば、それが、どれだけ双方が努力を傾注するかの尺度となろう。しかし、政治的要求はどの場合にも表明されるわけではないし、公然と示されるとも限らない。これが、双方の用いる手段に差異が生じる第一の要因である。

（8篇3章B）

戦争に使う手段の如何《いかん》は、多様な要因を考慮して決めなければならない

戦争に用いる手段の大小を知るには、敵・味方の政治目的を考慮し、双方の力関係と諸般の事情を考える必要がある。さらに敵国の政府と国民の性格、資質を

自国のそれと比べなければならないし、敵国と諸外国の政治的関係や、戦争が各方面に及ぼす影響についても考察しなければならない。（8篇3章B）

政治とは、社会全体の利害の代弁者、という前提で考えよ

政治は、内政上の一切の利害、……個々人の生活上の利害を統一し、調和させるものだ――これが本書の前提である。……政治は、一切の利益の代弁者として他の国に対峙《たいじ》するものである。政治が誤った方向をとり、名誉心、私的利害、虚栄心の道具となる場合もあるかもしれないが、それはここでは重要ではない。兵術の書が政治に訓戒を垂れるなど、もっての外《ほか》だからである。（8篇6章B）

政治が戦争を生み出す以上、戦争は政治の手段であり、決して逆ではない

政治が戦争を生み出す原因である以上、政治的視点が軍事的視点に従属するなどということは矛盾も甚だしい。政治は頭脳であり、戦争はその手段に過ぎないのであり、決してそれが逆になることはない。そうであるとすると両者の関係は、軍事を政治的視野に従属させる以外にはありえない。（8篇6章B）

政治と軍事の対立は、政治についての本書の前提においては生じない

政治的利害と軍事的利害の衝突は、少なくとも本質的には存在しない。……衝突が生じるとすれば、それは洞察が不完全なためと見なされるべきだ。政治が、容易に成就できないことを戦争に期待するようなことがあるとすれば、それは本

書の立論の基礎にある前提に反するものだ。つまり《政治はそもそも己の利用しうる手段の範囲を知っているはずだ》という、当然で不可欠な前提に反しているのだ。

（8篇6章B）

軍事の基本方針は、政治により内閣で決められるべきだ

軍事に関する計画は、純粋に軍事的な判断に委ねられるべきだ、との考えは許せないもので、有害である。……戦争は今日、非常に複雑になっているが、それにもかかわらず、戦争の大方針は常に内閣によって決められてきた。つまり、軍事当局でなく、内閣がそれを決めてきた。……これはまったく事物の性質に合致している。

（8篇6章B）

戦争の目標に適した方針の決定は、政治の任務である

政治が軍事的諸条件につき、経緯を正しく評価している場合、戦争の目標に適した方策や方針を決定するのはまったく政治の任務である。いや、政治だけが果しうる任務である。一言にして言えば、兵術は最も高い立場に立ってこれを見る時、政治となる。但し、外交文書を交わすのではなく、会戦を交わす政治、ということである。

（8篇6章B）

軍事への政治の悪影響をいう人は、言い方を誤っている

《政治が戦争の遂行に有害な影響を及ぼしている》と非難する人がいるが、それは言い方を誤っている。非難される事態があるとすれば、それは政治そのもの

である。政治が正しいこと、つまり政策が目標に適っている、という条件が満たされているなら、それは必ずや戦争に有益な影響を及ぼすのである。政治の影響により目的達成が妨げられているとしたら、その原因は政治が正しくないことにこそ、求められるべきなのだ。

（8篇6章B）

戦争につき政治家が、誤った手段を軍人に要求する場合だけは有害だ

政治家が特定の戦争手段や方法につき、本質に適合しない誤った効果を期待する場合だけは、政治がその決定により戦争に悪影響を及ぼすことがある。外国語に習熟しない者が自分の考えを正しく伝えられないようなもので、政治もまた意図と合致しない措置を指示することがあるのだ。……政治家にも軍事に関する一定の理解が不可欠なのである。

（8篇6章B）

政治に携わる人は、軍事についての理解が不可欠だ

外国語に習熟していない者は、時に正しい考えを抱きながらも、巧く表現できないことがある。それと同様に、政治が正しい意図を持ちながら、その本来の意図に合致しないやり方でものを決めることが、まま見られる。いや、数えきれないほど多い。このことが示しているのは、政治の運用のためには軍事についてのある程度の理解が欠かせない、ということだ。

（8篇6章B）

政治と軍事の関係適正化には、閣議に軍の最高司令官を加えよ

戦争を政治の意図に完全に合致させ、また、政治がその手段たる戦争に無理な要求を押し付けたりしてはならないとしたら、どうすべきか。政治家と軍人の要

素が同一人物の内に兼備されていればよいが、そうでない場合、採るべき手段はただ一つしかない。最高司令官を内閣の一員に加えるほかない。それによって内閣は、司令官が下す最も重要な時の〔軍事的な〕決定に関与できるようになる。

（8篇6章B）

軍人が内閣に対し影響を及ぼすのは極めて危険である

〔政治家と軍人の要素が同一人物に兼備されていない場合、最高司令官を内閣に加えておくしかない。政治の下にある軍の〕最高司令官の決定に、内閣が関与できるようにするためだ。これは内閣が……戦場の近くで、事柄を遅滞なく処理しうる場合にのみ可能である。……〔これは既に試みられており、〕効果は完全に立証されている。最高司令官以外の軍人が内閣で影響を及ぼすのは極めて危険である。

（8篇6章B）

戦争とは、ペンの代わりに剣を持って行う政治である

戦争は政治の手段である、と繰り返し述べておきたい。戦争は政治の道具であり、必然的に政治の性格を帯びる。戦争は政治の尺度で測られねばならない。従って戦争指導は大筋において政治そのものである。戦争において政治は、ペンの代わりに剣を用いるが、だからといって政治は政治自身の法則に従って考えるのを止めはしないのである。

（8篇6章B）

コラム❶ クラウゼヴィッツ――その人物と生涯

クラウゼヴィッツは、一七八〇年生まれの軍人。ビスマルクによるドイツ統一以前のことで、プロイセン王国の時代だ（プロシャは英語名）。『戦争論』執筆中の一八三一年にコレラに罹《かか》り、五十一歳で急逝。未完の遺稿がマリー夫人の手で編集され、刊行された。

フォンという貴族の称号のある家に生まれたが、裕福ではなく、早くから入隊し、軍で教育を受けて頭角を現した。ナポレオン軍との戦いに従軍し、捕虜となった時期がある。その間フランス語を習得し、フランスに勝てるプロイセン軍とする決意を固めた。

恩師シャルンホルストとともに、プロイセンの軍制改革を志すも、満足できる結果は得られなかった。そればかりかプロイセンが一時、フランスと軍事同盟を結んだので、クラウゼヴィッツは、ナポレオンの敵となったロシア軍に幕僚として加わり、参戦している。臥薪嘗胆《がしんしょうたん》の決意は半端ではなかったのだ。その後、プロイセン軍に復帰した。

大成功を収めていたナポレオンの軍制、戦略・戦術を徹底して分析し、対抗策を練った。『戦争論』はその産物で、「次の対フランス戦のために書かれた」と評される側面を有している。ただ、それにとどまらない普遍性を秘めており、それが今日でも世界中で読まれている理由である。戦争についての「最高の古典、いや唯一の古典」などと評される。

しかし、軍人としては閑職におわれるなど、不遇だった。ただ、そこで得られた時間を『戦争論』の執筆に向けることができたのは、歴史の皮肉である。外交官として不遇だったマキアヴェッリが、『君主論』執筆に精力を傾注できたエピソードを想わせる。

職業上の不遇が人生そのものを無益なものとする訳ではないことを思いながら、『戦争論』を紐解《ひもと》くのも一興であろう。

4
戦争の本質

解説

戦争では、力の行使が敵・味方の相互作用の中で極度のものになる傾向がある。しかし、単純にエスカレートするわけではなく、それを抑制させる要因もある。まず政治の作用があり、防御の有利性、恐怖心の働き、洞察力の限界などもそうである。だが戦争には、相手があることだから、ただ善良な気持ちから戦争について語ったり、ひたすら流血を避けたりしているのは問題外だ。

ただ善良な気持ちから戦争について語るのは最悪である

人道主義者は、戦争の本来の目的は、相手を武装解除したり降伏させたりするだけでよく、必要以上の損傷を与える必要はない、という。それこそ用兵の奥義だともいう。このような主張はもっともらしく聞こえるが、誤っており、断乎、粉砕しなければならない。戦争は危険なものであり、ただ善良な気持ちから発する誤謬《ごびゅう》こそ最悪のものだからだ。

（1篇1章3）

流血を厭《いと》う者は、それを厭わない者により必ず圧倒される

物理的な力の行使といっても精神的要素の影響が全然ないわけではなく、自制も働こう。だが一方が、なにものにも躊躇《ちゅうちょ》せず、流血にひるむことなく力を行使

するのに、他方が優柔不断でそれを為しえないとすれば、行使する方が優勢を得るに違いない。……戦争の粗暴な部分を嫌悪するあまり、戦争の本質を無視するのは本末転倒である。

（1篇1章3）

戦争の本質は、敵対的感情ではなく、敵対的意図の方にある

人間相互の決闘は、二つの異なる要素からなる。敵対的感情と敵対的意図である。……戦争では敵対的意図の方が、敵対的感情よりも普遍的に見られる。どんなに粗野な本能的な憎悪の感情でも、そこに敵対的意図の混じっていないものはない。それに対して敵対的意図には、まったく敵対的感情を伴わないものも少なくない。少なくとも、特に強い敵対的感情を伴わない敵対的意図も多く見られるのである。

（1篇1章3）

戦争には敵対的感情が絡んでくる。その程度は問題の重要性と、戦闘の年月による

戦争が力の行為である以上、それが感情と結びついてくるのは当然である。感情に端《たん》を発するものでなくとも、結局、多かれ少なかれ感情と結びついていく。どれほど結びついているか、その程度は、両国民の開明の度合とは無関係であって、敵対的な利害の重要性と、戦争の継続年月による。

（1篇1章3）

敵を中途半端に放置すると、逆転を許しかねない

敵に自分たちの意志を強要しようとするなら、敵に求めている犠牲よりも、耐えがたい状態に敵を追い込まなければならない。当然のことだが、敵側の不利な状態は一時的なものであってはならない。少なくとも、一時的と思えるものでは

ならない。そうでないと敵は、好機が訪れるのを待って、絶対に譲歩しないだろう。軍事行動を継続されると、もっと不利な状況に追い込まれる、と敵に思わせねばならないのだ。

（1篇1章4）

戦争ほど偶然性の働くものはなく、それについての考察は重要だ

戦争には、それを《賭け》たらしめる要素が一つだけ存在する。……それは実際の戦争と不可分の関係にあるものであり、偶然性がそれである。およそ人間の諸活動のうちで、戦争ほど不断かつ一般的に偶然性と関連している活動はない。しかも戦争では、この偶然性により不確実性が増すのであり、それで幸運・不運がもたらされる。

（1篇1章20）

非戦の戦略は、相手も非戦の可能性を探っている時にしか許されない

一方が大決戦を選ぶ決心をしているのに、他方がそうせず、他の目標を目指しているのが確実な場合、それだけで前者の勝算が大きくなる。〔非戦など〕別の目標を追求するのは、敵もまた大決戦を求めていないと推測される時にしか許されない。

（1篇2章）

敵が武力行使に出てきたら、戦うしかない

決戦によらず、他の手段に訴える場合には、一つの不可欠の条件がある。敵もまた〔非決戦という〕同じ手段に訴える意図をもっているとの前提がそれである。敵が実際に武力行使に訴えてくるなら、味方は当初の意図に反して、砲火を

交えての決戦で応じなければならない。

（1篇2章）

決戦以外の手段が成り立つのは、二つの場合に限られる

戦争で政治目的を達する道は多様だが、その手段は戦闘が唯一のものだ。軍事行動はすべて砲火を交えての決戦という最高の法則に従っているのだ。敵が決戦を求めていれば、味方も決戦を避けて通れない。戦争の指揮にあたり、あえて決戦以外の手段を採ろうとする者は、敵が決戦による解決を求めていないこと、また、たとえ決戦に訴えたとしても敵が必ず敗北するであろうことを、予《あらかじ》め確かめておかねばならない。

（1篇2章）

戦争は大いなる利害の対立であり、流血で初めて解決を見るものだ

戦争は学問や芸術の領域に属するものではなく、人間社会の活動の領域に属するものである。戦争とは大いなる利害の葛藤であり、流血によって初めて解決を見るほどの衝突である。戦争が他のものから区別されるのは、まさにこの点である。戦争は何か他の術と比べられないが、わりに近いのは商取引であろう。人間の利害の対立であり、活動だからだ。……もっと近いものはといえば、やはり政治であろう。

（2篇3章3）

軍事行動にブレーキをかける第一の要因は恐怖心である

軍事行動は本来、ゼンマイ仕掛けの時計ように間断なく行われるはずだが、そ

れを妨げる要因には三つのものがある。……第一は、人間の心の中にある生来の臆病と不決断である。これは精神世界を圧迫する一種の重力だが、それは引力によって生じるのではなく、危険や責任を恐れる心、尻込みする気持ちから生じるものである。〔第二、第三は次項〕。（3篇16章）

洞察力の限界と防御の有利さもまた、軍事行動を停止させる

〔軍事行動を停止させる〕第二の原因は、人間の洞察力、判断力の限界である。自軍の状況を正確に知るのは困難で、隠蔽《いんぺい》された敵の状況は僅かな兆候から推測するしかない。……そして、戦争の動きを押さえたり、停止させたりもする第三の原因は、防御の有利さが大きいことである。……双方とも攻撃に出るほど自力に自信がないだけでなく、実際にそれだけの力がないことがあるのだ。（3篇16章）

大会戦を前に尻込みしたり、会戦を回避したりしてはならない

大きな目的、積極的目的、敵の利害に深くかかわる目的が目標となっている場合、〔主力間の戦闘たる〕大会戦が最も自然な手段として現れる。……大会戦は最善の手段であり、大決戦を前に恐怖から尻込みし、大会戦を回避しようとする者は、必ずそれ相当の報いを受けるであろう。

（4篇11章）

会戦は単なる殺し合いではなく、その効果も敵の勇気を挫《くじ》く点にある

会戦は、諸般の問題を解決するための、血なまぐさい方法である。確かに会戦は、単なる殺し合いではないし、その効果は、敵の兵士を殺すことよりも、むしろ敵の戦意を挫くことにある。……だが、それにしても常に血が、支払わねばな

らぬ代償である。（4篇11章）

決戦の回避を高等技術と見る者がいるが、それは妄想だ

政府や高級司令官は常に決戦を回避し、決戦なしに目標を達成したり、秘かに目標を放棄したりすることに努めてきた。決戦の回避を高等技術と見る歴史家や理論家もいる。……そして、流血を伴わない戦争を遂行しうる司令官だけが栄誉の月桂冠を受けるに値するとされている。……だが、歴史はこの妄想を打破している。（4篇11章）

戦争は厳しいものであり、流血なしに勝利した司令官はまず存在しない

勝敗の決着をつける大きな分岐点が大会戦にのみ求められるべきことは、戦争の概念からして当然であるだけでなく、経験的にも立証される。……ナポレオンでさえも、流血を恐れていたなら、ウルムの会戦で彼一流の勝利を収めることはできなかっただろう。……流血なしに勝利を博した高級司令官など〔いるかもしれないが〕、そんな話に耳を貸したくはない。

（4篇11章）

流血をただ怖がっていると、鋭い剣をもつ者が現れ、やられてしまう

昔から〔会戦での〕大勝利のみが大きな成果をもたらしている。……流血の会戦は確かに戦慄《せんりつ》すべき光景だが、だからこそ戦争をいっそう真面目に考えないと

いけない。流血が恐ろしいからといって、自分の剣を鈍《なまくら》にしていると、必ず鋭い剣をもった者が現れ、両腕を切り落とされてしまうこととなる。

（4篇11章）

侵略者はすこぶる平和愛好的で、戦わずに敵国に侵入せんと努める

言うまでもないことだが、侵略する側は、不用心な防御側より、先に戦闘を準備する。……また、侵略者はすこぶる平和愛好的《ピースラビング》で、ひたすら血を流さずして、敵国に侵入せんと努めている。……だが、［多くの場合］防御側が戦闘の決意をし、それに備えているので、それは不可能なのである。

（6篇5章）

戦争の本質は敵の襲撃に対する抵抗にあり、襲撃に備えるのは当然だ

戦争の発生を抽象的に考えると、本来、戦争は攻撃に始まるものではない。攻撃の究極的目的は、〔できることなら戦わずに〕敵の領土を占有することであって、戦闘そのものが目的ではないからである。……敵の攻撃に抵抗する防御では、戦闘を直接的な目的としている。……とすれば防御側は、攻撃側が何をするか、まったく知らなくとも取るべき行動を決定できる。……そこには当然、戦闘手段の準備が含まれる。

（6篇7章）

侵攻が進むと、抵抗が強まったり、攻撃側の緊張が緩《ゆる》んだりする

〔敵国内への侵攻につれて〕攻撃を受けた側が恐怖と狼狽で武器を放棄するこ

ともあるが、時として激情に駆られ、すべての者が手に武器をとるようになり、以前よりも、初めの敗北の後に抵抗力がずっと強くなることがある。……また、勝者の側では、危険が遠のくにつれ、緊張の弛緩が生じることがある。それも稀ではない。

（7篇付論）

戦争は、敵・味方の相互作用の中で極限に向かうことになる

戦争では努力が不十分だと、戦果が得られないだけでなく、重大な損害さえも生じることがある。そのため双方はそれぞれ相手を圧倒しようとし、そこに相互作用が生じる。相互作用はその性質からして、止《とど》まるところを知らないので、極端な目標が設定されると、それを達成する努力もまた極端なものとなる。

（8篇3章B）

敵・味方の相互作用で極限に向かうも、国内の事情で引き戻される

〔敵・味方の相互作用で、目的もそれに向けた努力も極端になるが〕そうなると政治的要求についての考慮が忘れられ、手段と目的の釣り合いが失われていく。こうして極端な目標に向けて過大な努力がなされるが、多くの場合、国内の事情のため中途で挫折する。そして戦争当事者は、再び中庸に引き戻され、政治目的の達成にちょうどよい手段を適用し、それに合う適切な目標を設定することとなる。

（8篇3章B）

戦争の勝敗は、裁判の三審制に似て、最終的な結果がすべてだ

戦争では、ある敵に勝利した後に、新たに別の敵が立ち上がり、先の敵から手

を引けと強いられたりしないよう、政治的立場を強固にしておかなければならない。……戦争での勝敗は、裁判における三審制と似ている。一審や二審で勝っても、最終審で敗訴すれば［負けであり］、訴訟費用を負担しなければならないのである。

（8篇4章）

コラム❷『戦争論』のドイツ語第一版と第二版

『戦争論』はクラウゼヴィッツの死後、マリー夫人の手で一八三二〜三四年に刊行された。脱稿前の急逝により未完成であり、不統一な部分が多く残されている。解釈が分かれる主な原因はここにあるが、他にも原書第二版の修正が関係している。

少し話が細かくなるが、重要な点もあるので述べておく。第一版から二十年ほどして、マリー夫人の弟・ブリュール伯爵が修正を加えて第二版を刊行した（一八五二年）。以後、長くこの第二版が標準とされた。篠田英雄訳（岩波文庫）はこちらに依拠している。

ただ、研究が進むにつれ、第二版での修正には「改竄《かいざん》」のような誤りがあるとされるようになり、西ドイツでは一九五二年から第一版に基づき刊行されるようになった。清水多吉訳（中公文庫）は、第一版により刊行されていた東ドイツ版に依っていたため、結果的に第二版の変更を免れている。

細かい修正は数百か所と多く、その大半は問題ないものとされるが、看過できない点もある。その一つは、政治家と軍人の要素が一身に兼備されているのが理想だが、そうでない場合にどうすればよいか、という個所だ（本書81頁）。

クラウゼヴィッツが書き残したままの第一版には、内閣の一員に最高司令官を加えることで、「内閣は、最高司令官の最重要事項の決定に関与できる」とある。ところが、第二版での「改竄」では、最高司令官を内閣の一員に加えれば、「最も重大な時機には、内閣の審議と決議に最高司令官を与らしめる」ことができる、となっている。

これでは政治的決定への軍司令官の参与、ということになり、クラウゼヴィッツの強調点とは逆になる。他の箇所でも、クラウゼヴィッツは軍事的決定への政治家の関与を強調しており、第一版の文章のままが正しいという説が有力である。

5
戦争理論の意義と限界

解説

『戦争論』の当時、戦争を数量だけで論じる傾向があったが、戦争に確たる理論を求めても限界がある。だが、理論も無視すべきではなく、理論の軽視も重視も、ともに誤っている。理論は指導者の判断力を養うものと考えた方がよい。地位により指揮官に求められるものは異なり、下級指揮官では規準も必要で、準則重視主義もやむをえないが、高級司令官にはマニュアル化した規準など無用だ。戦争での判断は、科学の領域にはなく、戦争術のアート（技芸）に属するものだ。

作戦についての確たる理論には限界があり、実践と矛盾する

作戦について原則や規則、さらには体系をも創ろうと、努力がなされたが、……その際、無数の困難な問題を的確に把握せずに、確たる《ポジティヴ》〔実証的な〕理論が目指された。……だが、用兵はほとんどあらゆる方面に関係し、限りなく広がっている。ところが体系や理論的構築物はどれも、総合化して、限定するという面があり、そこに理論と現実が矛盾せざるをえない所以がある。（2篇2章6）

戦争では数量だけに固執してはならない。すべては不確定だ

およそ戦争では何も確かなものはなく、量的に分析するにしても、極めて大きな変動を念頭に置いておかなければならないはずだ。だが、すべて原則で処理す

る理論的試みは、いずれも一定の量を求めることにだけ固執している。しかし、現実の戦争では精神的諸力も重要であり、物質的数量だけを対象としていてはならない。戦争は敵・味方の不断の交互作用の過程なのである。

（2篇2章12）

戦争の理論家は一面的な考察に終始し、それ以外は学問外のこととしてきた

戦争について〔理論家は〕一面的考察に終始し、その貧弱な知力で理解の及ばぬことは、すべて学問外のこと、としてきた。それは天才の領域に委ねられ、天才は準則を超越するものと考えられた。……天才が無視するそんな規則に、兵士が縛られ、つまらない準則の中で這《は》い回らなければならないとしたら、何と惨《みじ》めなことか。天才にとってそんな準則はあまりに低劣であり、天才はそれを無視するか、笑いぐさとするだろう。

（2篇2章13）

戦争につき、確定的な立論は不可能である

対象の性質上、戦争学を〔確たる根拠のある〕確定的《ポジティヴ》な理論的構築物とすることによって、戦争学を作戦上の足場としようとするのはまったく不可能である。強いてそのような理論をつくったとしても、用兵にあたる者は自分の才能にしか頼れない事態に直面すると、……理論を棄て、理論と矛盾する行動に出なければならなくなろう。（2篇2章25）

軍事行動の一般論などはなく、地位により求められるものは異なる

本書で軍事行動につき一般論として述べてきたことは、地位のいかんにかかわらず等しく妥当するものではない。下級の地位の者には個人的犠牲を厭《いと》わない勇

気が求められるが、難しい判断を迫られることは少ない。関係する現象の範囲が極めて限定されているからだ。……地位が上がると、判断での難しさが増え、……高級司令官レベルでは計り知れないものとなる。（2篇2章26）

地位に応じて、求められる知識は種類が異なっている

軍事活動の分野で必要な知識は、指揮官の占める地位によっても違ってくる。……地位が低ければその知識は局部的であり、地位が高ければより包括的な対象に向けられる。高級司令官（将帥《しょうすい》）として力量ある人物でも、騎兵連隊長をさせたら全然だめな人もいれば、その逆の人間もいる。（2篇2章43）

戦争の理論は教義であってはならない。判断力を養うべきものだ

理論は、必ずしも確定的な教義、行動の指針である必要はない。……優れた批判的考察の光で、戦争の全領域を照らし出すものならば、〔戦争の〕理論はそれで任務の大半を満たしている、といえる。それは、書物で戦争を学ぼうという者の道を明るく照らし出し、その歩みを容易にし、判断力を養い、迷路にさ迷《まよ》い込むのを防ぐであろう。

（2篇2章27）

戦争の理論は実戦用の公式ではない。思考の手がかりでよい

戦争の理論は、哲学的な思考様式に即して、関連の事柄を統一的に捉える視点を明らかにしようというにすぎない。実戦の用に資する、代数のような公式にし

ようとするためのものでは決してない。その原則や規準は、進むべき道標《みちしるべ》を正確に指し示すものではなく、思慮深い指導者に対し、訓練で教え込まれた理想的な行動の準拠枠を示すものだからである。

（2篇2章27）

戦争の理論は限定的に位置づけてこそ、初めて意味を持つ

〔戦争の理論は、本書で述べた観点においてのみ〕人を満足させるに足る、有用にして現実と矛盾しない作戦理論となる可能性がある。その理論が軍事行動と極めて密接したものとなり、理論と現実の対立という問題もなくなるかどうかは、理論を用いる者が適切に扱うかどうかに掛かっている。

（2篇2章28）

高級司令官は学者である必要はない。小知識は小人物をつくるだけだ

未来の高級司令官を養成するのに、あらゆる詳細な知識が必要だ……とかいう輩《やから》は、常に笑うべき衒学者《げんがくしゃ》とされてきた。このような知識はかえって害になる。……人間の精神というものは、授けられる知識や思想によって養成されていくものだからである。偉大な知識のみが偉大な器をつくり、小知識は小人物をつくるだけである。

（2篇2章40）

理論重視も理論軽視も、ともに誤っている

常識的にしか物を考えられない輩は、……理論など何ひとつ信じられないものだと主張し、作戦の能力は天賦の才能によるものだ……と思い込んできた。この

見解は、誤った理論重視よりも真実に近いのは否定できないが、これもまた極端である。人間の知的活動はある程度、豊富な観念なくしては不可能なのである。そのような観念の大部分は後天的なものである。

（2篇2章42）

戦争の知識は単純だが、その運用は簡単ではない

戦争の知識は扱う対象が少なく、しかもその要点だけ把握すればよいのだから、甚だ単純と言える。だが、その運用は決して簡単とはいえない。……軍事行動での困難のうち、勇気で克服すべきものを別にすると、知性（悟性）に基づく活動は、下級の地位では単純かつ容易だが、上級になるにつれ困難の度合が高まり、高級司令官では凡百《ぼんぴゃく》の知性が遠く及ばないものとなる。

（2篇2章44）

戦争についての知識は、「戦争術」というのが適切だ

およそ思考とはすべて術である。……認識能力だけを備えて判断力を欠く者も、判断力だけを備えて認識力を欠く者も、どちらも到底、思考するということができない。この点からも術と学は完全に切り離せないことが分かる。……しかし、〔さらに分け入ると〕創造、創作が目的なら術であり、探究、認識が目的なら学となる。こう考えてくると、戦争学（兵学）というより戦争術（兵術）と呼ぶのが適切である。

（2篇3章2）

上級の用兵には、マニュアル化した規準など無用である

〔用兵において〕規準という概念は、無用である。戦争という複雑な現象では、

規則正しい事象は少なく、また、規則正しい事象となると単純なことが多いからである。そこでは規準という概念を用いるより、単純な事実という言葉で用が足りる。……用兵では、状況は絶えず変化し多様性があり、規準のような、普遍的準則は存在しえないのである。（2篇4章）

下級の指揮官には規準が必要で、準則重視主義もやむをえない

実際の戦闘では必ず前例のない些細な状況が生じ、悩まされるものだが、到底それらの一つひとつに気を配っているわけにはいかない。そこで諸状況を簡単にまとめ、大体のところと大よその蓋然性に基づき、配備を整える以外に手がない。また、指揮官の数は、下級になるほどずっと多くなる。それらの指揮官に洞察と判断の裁量を委ねるのは許されるべきではない。……かくして「規準中心の」準則重視主義も必要不可欠なのである。（2篇4章）

下級指揮官ほど準則重視主義を好むが、高級司令官がそうであってはならない

規準は、同一の訓練を繰り返し実施し、戦闘部隊の熟練、正確、確実性という技能を徹底させるものだ。だからこそ、軍事行動が次第に下級指揮官に委ねられると、いよいよ頻繁に規準が用いられ、規準は不可欠のものとなっていった。だが、上級になれば規準を使う機会は減り、最高の司令官レベルではまったく用いられない。

（2篇4章）

規準にそって戦争計画を立てることは、絶対にしてはならない

部隊や武器の一般的な特性に基づくものなら規準は理論の対象となりうる。だが、戦争計画や戦闘計画までが準則によって規定され、まるで機械から製品が生

み出されるかのごとく作成されるとなると、それは絶対に排除されねばならない。

（2篇4章）

レベルの似た国の間では、兵力の差を無視してはならない

現今の欧州では、軍隊の武器、編制、諸々の技術などが極めて似通っており、相違はわずかに軍隊の士気や高級司令官（将帥）の才能に見られるだけとなっている。……そのため、いかに才能に恵まれた司令官であっても、二倍の兵力を有する敵と戦って勝利を収めるのは極めて困難である。

（3篇8章）

理論の効用は精神に光明を呼び起こすことであり、それ以上ではない

理論とはわれわれが道に踏み迷わないように、対象の全体を明るく照らし出し、誤謬《ごびゅう》のため随所にはびこる雑草を除き、事物の相互関係を示し、重要なものとそうでないものを区別すべきものである。……すなわち、知性のうちに呼び起こされる光明こそ、理論が知性に与える効用なのである。

（8篇1章）

戦争の理論は問題解決の公式を教えてくれはしない

理論は課題を解決する公式を教えてくれはしない。原則を示すことで、行くべき道を、必然性という狭い範囲に絞り込んでもくれない。……理論は知性に、対象の全体とその関係につき洞察する眼光を与えてくれるだけだ。その後、知性は

再びより高い行動の次元に放り出される。そこでは自己の固有の能力に応じ、一切の活動力を集中し、真実にして正しいものを把握し、個々の場合に対処できる明晰な思想を得るようにしなければならない。

（8篇1章）

戦場での人知の活動は科学の領域を離れ、術の域に入る

戦争での知性（悟性）の活動は、論理学や数学のような厳密な科学の領域を離れ、言葉の広い意味での《術《アート》》の領域に移る。つまり、見渡し難いほど多数の対象や関係から、機敏な判断によって最も重要にして最も決定的な事柄を取り出す領域たる、術の領域がそれである。

（8篇3章B）

戦争での判断は学問ではできない。ニュートンもひるむ代数の難問のようだ

多種にわたる複雑多岐な諸関係を比較考量し、速やかに〔戦争に用いる手段を〕決めるのは、天才の慧眼《けいがん》のみが成しうることであり、画一的な学問的思考では処理できないのは明白だ。……ナポレオンがこの課題につき、ニュートンのような人物でさえひるむ代数の難問のようなもの、と譬《たと》えたのはまったく正当だ。

（8篇3章B）

戦争は時代で異なるが、普遍的な面もあり、理論はそれを扱う

各時代には独特の戦争、独特の制約条件、独特の拘束がある。……時代ごとに独特な理論があったのであり、各時代の事象は、その時代の特殊性を考慮して判

断されなければならない。……だが国家や戦闘力の独自の諸関係に制約された用兵にも、いくらか普遍的なものや、まったく普遍的なものがあるはずで、理論は特に普遍的なものこそ研究対象にすべきだ。

（8篇3章B）

戦争の理論は観念的関係ではなく、現実的関係を扱うべきだ

絶対的な暴力性を発揮するようになった今日の戦争は、普遍妥当性と必然性をきわめて多く内在させている。しかし、今後も戦争が絶対的性質を維持し続けるか否かは……不確かである。従って、絶対的な戦争だけを扱う戦争の理論は……排斥されるか誤りとして非難されるであろう。……戦争の理論は、観念的関係でなく、現実的関係の下で研究されねばならない。

（8篇3章B）

コラム❸ 独・英語の「ポジティヴ」は難しい

ドイツ語もほぼ同じだが、英語のポジティヴは翻訳に苦労する。肯定的、能動的、積極的では済まないのだ。

わが国の防衛論では、自衛隊をめぐる憲法問題に出てくる。警察と軍隊の重要な相違として、「ポジティヴ・リスト」「ネガティヴ・リスト」があるが、定訳すらなく、理解が著しく困難になっている。

警察は一般の行政機関なので、国内法で「○○してよい」という形で活動が規定され、それ以外はダメと縛られている。許される活動が列挙されているのだ。

それに対し軍隊は、国際法などで「○○してはならない」と、許されない活動が規定され、それ以外は原則的に制限がない。ところが自衛隊は警察予備隊から始まったので、警察と同じポジ・リストとなっており、それでいいのかが議論される。

この場合のポジ・ネガは、積極・消極、肯定・否定では理解できない。辞書をチェックすると、ネガの方に「禁止的」があり、その延長上で考えると、警察は「許可事項列挙型」、軍隊は「禁止事項列挙型」のリストという辺りになる。幸い、近年、少し広まり始めている。

ことほど左様にポジ・ネガは難しいのだが、『戦争論』の用法はこれとも少し違う。「軍事についてポジティヴな理論を目指しても不可能だ」（本書107頁、109頁）とあるが、「積極的な理論」ではまったく分からない。

ここでクラウゼヴィッツが哲学に詳しかったことを思い出してもらうと、辞書の「《哲》実証主義的」に眼が向く。検証可能性、反証可能性などさらに難しい議論もあり、簡単に処理できないが、本書では「確たる（実証的な）理論」としておいた。

6
戦史検証の意義

解説

戦争術の考察では、学説の検討よりも、戦史の事例研究が重要だと、クラウゼヴィッツは何度も強調している。特に軍事行動で用いられた手段の検討が重要だ。虚栄心から古代の戦争の例を引いたり、やたら難しい専門用語を使ったりする、自己満足は排されねばならない。戦史の検証では勝敗だけを見るのではなく、敗因の検証も欠かせない。それらがなされて初めて、高級司令官（将帥）の評価が可能となる。

戦争の考察では単なる学説の検討より、戦史の事例の検証が重要だ

理論上で真理とされるものが、実践に作用を及ぼすについては、学説よりも〔戦史の〕検証・批評《クリティーク》の方が重要である。〔事例の〕検証・批評は、理論上の真理を実際の事象で試すことであり、理論上の真理を現実に近づけるだけでなく、絶えず繰り返し検証することで、知性（悟性）を真理に習熟させるからである。

（2篇5章）

戦史の検証・批評の叙述には、三通りの知的活動が含まれている

戦史の検証・批評の記述には、三通りの知性の活動が含まれる。第一は、曖昧な事実関係を歴史的観点から確定することで、……これは理論とは関係がない。

第二は、原因から結果を説明することで……理論に欠かせない作業だ。……第三は、軍事行動で用いられた手段を検討することだ。これが本来の検証・批評で、これには賞賛と非難が含まれる。この場合に……戦史から教訓を引き出すのに、用兵の理論が役立つ。

（2篇5章）

戦争術の考察は、戦史に依拠しなければならない

検証・批評での手段の考察に際しては、しばしば戦史を引かなければならないのは当然だ。戦争術ではどんな哲学的真理よりも、経験の方が重要だからである。だが、歴史的証明は……固有の条件を満たすものでなければならない。残念ながら、この条件が忠実に守られることは極めて少なく、歴史の引用が概念の混乱を一層、大きいものにしていることが多い。

（2篇5章）

やたら難しい専門用語は無内容で、自己満足の道具だ

不都合なことには、専門用語には時として中味のない場合がある。そうなると書いている本人自身も、その用語によって何を意味するか判然としなくなり、やたらに曖昧な概念を用いて自己満足してしまうことになる。また、こういう概念を使い慣れると、もはや率直な話法では満足できなくなってしまうのである。

（2篇5章）

条件の相違を無視して古代の戦争を口にするのは、誠実さを欠くものだ

今日の戦争遂行の状況を考えれば、われわれは主として〔一七四〇年代の〕オーストリア継承戦争以降の戦争を考察すべきであろう。……しかし残念なこと

に、歴史の著作では古代のことが好んで取り上げられる傾向がある。どれほど虚栄心やごまかしが働いているかは、ここでは問わない。だがそこには、何かを教え、読者を説得しようという誠実な意図や熱意はほとんど見られない。（2篇6章）

結果が大事とはいえ、勝敗だけでは戦役の検証にならない

結果こそ、最も妥当な基準である。……だが、結果からだけ判断して、その人物の英知のほどを評価してはならない。戦役で敗れた原因を探究することは、戦役の検証とは異なる作業だ。当時、その原因が見落とされていたり、まったく考慮されていなかったりしたことが、証明されて初めて検証は可能となり、高級司令官（将帥）が下した判断について評価できるのだ。（8篇9章）

7
指導者の条件

解説

軍という組織で指揮にあたる指導者は極めて難しい任務を負っている。絶えず変化する状況の中で即断即決しなければならず、知識をわが身に同化し、能力の一部としておかなければならない。指揮官は下位の者から上位の者に至るまで非凡な能力が欠かせないが、求められる資質はレベルに応じて異なる。肉体の疲労の中で決断する指揮官は判断力を鍛錬しておかなければならない。それは「心眼」ともいうべきものだ。

名将は、精神的教養の高い国民の中からしか生まれない

高度の天才は、その国の国民の一般的な精神的教養の程度に強く依存している。文化程度が低く、好戦的な国民の場合、軍事的精神は文明的な国民以上に人々に広く深く浸透している。……だが文化程度の低い国民の間には、真の偉大な司令官や軍事的天才と呼ばれる人物は見出しえない。軍事的天才を得るには知性（悟性）の力が発達している必要があるからだ。

（1篇3章）

戦争では大半のことが不確実だ。真相を見通し、克服する知力が必要だ

戦争は不確実性の世界である。軍事行動の基礎をなす諸事象のうち四分の三までは、多かれ少なかれ不確実で、霧に包まれている。そこで真相を見通すのに何

よりも必要なのは、洗練された、鋭い知性（悟性）である。無論、偶然に真相が見出されることもあるにはあるが、……大半の場合、知性が乏しいとどうにもならない。

（1篇3章）

戦争当事者は予期せざる事態に直面し、即断を求められる

あらゆる情報や予想は不確実な上、偶然が混じり込んでくる結果、戦争における行為者は常に事態が当初の予想と違うものになっていくのを見出す。……作戦を立て直さなければならないが、往々にしてそのためのデータが欠けていることがある。状況は即断即決を求め、データを吟味して作戦を練り直す時間的余裕などないのだ。

（1篇3章）

敏速かつ的確な決断には「眼力」が求められる

敏速かつ的確な決断には、正確な「眼力」が必要であり、フランス人が「クー・デゥイエ」（心眼）というものがそれである。……それは単に肉体的な眼力だけでなく、精神的眼力も意味している。……その意味は、平均的な人物には見えない真理、永い観察と熟慮の末に見出しうる真理を、迅速かつ的確に把握しうる能力のことである。

（1篇3章）

困難な状況での決断には、知性が欠かせない

高い見識と強い感情とがあっても決断ができるわけではない。素晴らしい精神的眼力を有し、大きな責任を負う勇気を有しているのに、困難な事態に際し決断

できない人がいる。……ことを断行する必要性を自覚し、意志を固める知性の働きがあって初めて決断できるのだ。……知性の低い人でも困難な状況でためらわずに行動できるかもしれないが、その場合は熟慮せずに行動しているだけであり、必ず矛盾に陥る。

（1篇3章）

地位を昇るにしたがって、無能になる者が多い

決断力はあくまでも、知性（悟性）の独特の性質を俟《ま》って生ずるものだ。この性質は、鋭利な頭脳よりも、頑強な頭脳に属していることが多い。低い地位にあって最大の決断力を示した者でも、高い地位につくや決断力をたちまち喪失してしまう者が多いが、それは決断力のこの面から説明される。そういう人は、誤った決断がいかに危険かを知っているので、決断を迫られると本来の知性を失う。

（1篇3章）

変化する状況に応じ、適切な判断をするには機転が欠かせない

〔一瞥《べつ》での〕心眼や決断力と密接な関係にあり、同じように重要なものに機転がある。戦争のように予期できないことが多発する分野では、機転が大きな役割を演じる。機転こそが予期せぬことを、よく克服するものだからである。機転により、予期せぬ問題に適切に対応し、また危急の際には迅速に対処できるのであり、それは驚嘆に値する。対応は状況に適合するものであればよい。（1篇3章）

兵士に活力低下が生じた時こそ、指導力が問われる

個々の兵士の力が次第に失われ、兵士自身の意志ではもはや自分を鼓舞したり、支えたりできなくなると、全軍の活力低下が高級司令官（将師）の上に重く

のしかかってくる。司令官の胸に燃える炎、精神の光明によって、すべての兵士に決意の炎、希望の光明を燃え上がらせなければならない。司令官がこれをなしうる限り、軍を統制し、主人たるべき地位を維持できる。

（1篇3章）

行為者は知識を完全に同化し、能力としなければならぬ

戦争にあっては他の分野と違い、行為者はその知識の全体を、いわば精神的装置として常に自分の内に保持していなければならない。どんな場合にもとっさに必要な決定を自力で下す能力を有していなければならないのだ。つまり、知識は行為者自身の精神と生活に完全に融合し、真の能力となっていなければならないのである。

（2篇2章46）

迷った場合は、当初の見解に立ち返り、方針を貫け

疑問をもった場合はいつも最初の見解に立ち戻り、強い確信でもって覆すのでないのなら方針を変えない、ということを原則にするとよい。……たとえ疑わしい事態に直面しても、先に吟味した確信を優先し、その確信を固守するなら、その行動は堅実性と持続性を得て、強い気質の持ち主となろう。

（1篇3章）

軍の組織では各レベルに、非凡な「天才」が必要である

世間一般の人は、卓越した理性は最高の地位にある者にのみ必要で、その下にある者には必要ないと考えている。……だが下級指揮官にしても、優秀な人材となるには優れた精神的能力が必要であり、地位が高まるにつれその必要性は大き

くなる。……従って戦争で優れた功績をあげるには、下位から上位に至るまでそれぞれ非凡な天才が必要となる。

（1篇3章）

戦争での危険についての正しい観念なしには、真実は認識できない

新兵はいろいろな危険にふれると、実際に経験する世界は、頭で考えてきた戦争とは全く別の、厳しい世界だと思い知る。そのような第一印象をもってもなお、即座に決断する能力を失わないとすれば、恐るべき非凡な才能の持ち主だ。……戦争における危険は、当然つきまとう摩擦・障害である。それを正しく理解せずして、認識は真実に至りえない。

（1篇4章）

肉体の疲労の影響は甚大で、判断力と実行力を左右する

肉体的労苦が戦争に及ぼす影響は大きく、それが判断を著しく左右することを、念頭に置いておかねばならない。……肉体的労苦こそ、いわば暗闇のように高級司令官（将帥）の知性（悟性）の活動を阻み、その感情の力を消耗させるものであり、それは誰の目にも明白である。……これも戦争におけるさまざまな摩擦・障害の最も重要な要因の一つである。（1篇5章）

戦争には戦闘に備える活動と戦闘そのものとがあり、片方しかできない者もいる

戦争では種類の違う二種の活動を分ける必要がある。戦闘に備えるための活動と、戦闘そのもの、この二つである。これを分けて考えるのが実際に重要なこと

と知るには、一方の領域で極めて有能な人物が、他方の領域となるとまったく役に立たず、些事《さじ》にこだわる人物である例が、いかに多いかを指摘するだけでよい。

（2篇1章）

戦場の指揮官には、地形感覚という独特の精神的能力が必要だ

戦争と地形の関係は軍事行動に著しい特性を与える。……戦場での指揮官は軍事行動を、肉眼では見渡せない空間、……不断に変転し、決して状況を把握しえない空間に関係させねばならない。無論、敵も同じ困難に直面する。……この困難を克服するには地形感覚という、独特な精神的能力が必要だ。どんな土地についても速やかに正確な幾何学的映像を作り上げる能力のことだ。それでもって容易かつ正確に自己の位置を発見しうるのだ。

（1篇3章）

コラム❹『戦争論』の日本での翻訳

『戦争論』のドイツ語原書が刊行されたのは一八三二〜三四年だが、日本ではかなり早くから関心がもたれ、翻訳も早く出された。最初のものは、文豪で陸軍の軍医総監だった森鷗外らによるもので『大戦学理』という書名で一九〇三年に出ている。鷗外の『全集』第三十四巻に収めてある。

有名な戦争の定義の部分を引くとこうある——。「開戦とは外交政略の戦争と云ふ他手段を用ゐて継続せらるゝを謂ふに過ぎず」(原文旧漢字)。

鷗外はドイツ語から訳出したが、冒頭の二つの篇だけで、残りの六つの篇は陸軍士官学校の関係者がフランス語から重訳している。同書は一九三四年まで増刷を重ねた。

エンゲルスが強い関心をもってクラウゼヴィッツを読んでいたのは知られるが、レーニンはそれ以上に熱心だった。このためロシア革命の後、『戦争論』はマルクス主義者の間で広く読まれるようになった。

その文脈で、馬込健之助が新訳を南北書院から一九三一年に刊行し、後に岩波文庫に収められた。訳者注には、レーニンがどんな書き込みをしていたかが記されている。

戦後は平和主義ムードの中で、しばらくの間は読者が限られていたが、一九六〇年代に入ると多角的関心が払われるようになり、新訳が相次いだ。

抄訳の淡徳三郎訳(徳間書店、一九六五年)を嚆矢《こうし》として、全訳で清水多吉訳(現代思潮社、一九六六年、後に中公文庫)と篠田英雄訳(岩波文庫、一九六八年)が続いた。

欧米でも「クラウゼヴィッツ・ルネサンス」が生じており、ドイツのレクラム文庫版に依拠した抄訳が日本クラウゼヴィッツ学会訳(芙蓉書房出版、二〇〇一年)で出ている。現在、全訳二種類、抄訳三種類で読める。

8
指導者の精神力

解説

一九世紀初めの兵法では、量的な軍事力を重視する傾向が生じていたが、それに対してクラウゼヴィッツは、特異なほどに司令官、指揮官、兵士の精神的要素を強調した。もちろん戦前の日本軍の一部に見られたような「精神主義」を説いたわけではない。一般人の勇敢さとは別の勇敢さが必要なのであり、大胆さは軍の高貴な徳である。強固な意志が求められるが、それは硬直的なだけの頑固さとは違い、知性に裏打ちされたものでなければならない。

戦争学は物質を扱うだけでなく、精神力も問題としなければならない

以前は戦争学や軍事学という名称は、〔戦争における〕物質的な事柄に関する知識や技能を総括するもの、との意味で理解されていた。……対象は、あくまで物質的な素材に限られ、一面化されていた。……それゆえ諸々の交互作用が絶えず生じてくる中で、物質的素材を使い、予定された目的を達成すべく、精神力と勇気を活動させるといったことは問題とならなかった。

（2篇2章1）

軍事的天才とは、軍事的な諸々の精神力の調和的複合だ

極めて高度な才能に恵まれた者、という本来の天才だけを論じている訳にはいかない。……主に、軍事行動をするのに必要な精神力を考察しなければならな

い。……勇気など、単一のものを志向する精神力ではなく、それに加え知性（悟性）や気質とかの力がなくてはならない。また戦争に役立たない方向性のものでは軍事的天才と言えないだろう。……軍事的天才とは、種々の精神力を調和的に複合したものである。

（1篇3章）

勇気には二種類のものがあり、両者が相まって完全な勇気となる

戦争は危険を伴うものであり、それに立ち向かう勇気こそが一番目の特質だ。勇気には二種類あり、第一は危険にたじろがない姿勢だ。それは生来の性格であったり、生命を軽んじる気風によるものだったりで、恒常的な性格と見られるべきものだ。第二は、名誉心や愛国心などの積極的動機から生じるもので、……大胆な点で優れているが、時に興奮のゆえに盲目的となる。両者が兼ね備わって初めて完全な勇気となる。

（1篇3章）

予期せざる新事態には、知性と勇気で立ち向かわねばならない

予期せざる新事態に直面しても、たじろぐことなく戦争を続けていくには二つの資質が不可欠である。一つは知性（悟性）であり、これはどんな暗闇でも常に内的な光を投げかけ、真相がいずれにあるかを見出すものだ。フランス語で「クゥ・ドゥイエ」という、「一瞥での眼力たる」心眼がそれである。第二は勇気であり、この微弱な内的光を頼りに行動を起こさせるもので、決断のことである。

（1篇3章）

知性を働かせるには、勇気を喚起しておかねばならない

個々の場合の決断は、勇気の働きによる。……肉体へのリスクを恐れないとい

う勇気ではなく、責任を担う姿勢としての勇気である。……とはいえ、この勇気は知性の働きというより、気質の働きによる。往々にして極めて知性的な人は決断力を欠く。それゆえ知性はまず、勇気の感情を覚醒させ、それにより自己を維持し、己の礎石《そせき》としなければならない。危急に際しては、思慮よりも感情が人を強く支配するからだ。（1篇3章）

戦争で確実かつ効果的に前進するには、気質・知性が必要だ

戦争を取り巻くのは、危険、肉体的労苦、不確実性、偶然という四つの要素である。全体としてみると、重苦しいこれらの要素が立ち塞《ふさ》がる中で、確実かつ効果的に前進するには、気質・知性の大きな力が必要である。……その力は状況に応じ、いろいろな形で現れる。戦史の書物には実行力、堅固、不屈、強固な気質、強い性格といった言葉が見られるが、これら英雄的性格はすべて、同一の意

志力の発現である。

（1篇3章）

難局でこそ指導者の意志力が問われる

軍隊が勇気に満ち、快活、軽快に戦っている間は、指揮官が大いなる意志力を示さねばならない必要はほとんどない。しかし、いったん状況が困難に傾くや、事態は進捗しなくなる。物事はもはや、潤滑油の切れた機械のように動かなくなるのだ。……これを克服するには、指揮官の大いなる意志力が必要となる。

（1篇3章）

強固な感情の持ち主は、燃え上がる感情と鋭い知性の均衡を失わない

強固な感情の持ち主とは、燃え上がる激情の中にあっても、それと均衡を保つ別種の感情を有している者である。品位を重んじる感情、人間としての矜持《きょうじ》、そして、常に鋭い知性（悟性）を備えた人間として振る舞おうとする心的な欲求がそれである。要するに、強い感情の持ち主とは、極めて激しい感情の中でも均衡を失わない人物である。

（1篇3章）

指揮官は心に、不動の羅針盤を持たねばならない

もう一度、言っておきたい。……強い気質の人間とは、感情を高めうる者のことではなく、感情が高まっている時にも均衡を失わない者のことである。つま

り、胸の中に嵐が渦巻いているにもかかわらず、洞察と信念を失わない者のことである。例えていうと、嵐にもまれる船舶の羅針盤のように、常に進路を見失わない者である。

（1篇3章）

指揮官は、他人の言に左右されずに決断せよ

指揮官は、それぞれの事態に直面するごとに、予め考えていたものと如何に異なるかを思い知る。……［そこで］他者の言に左右されやすい凡庸な指揮官は、いよいよ事を遂行するにあたり、状況が最初の想定と違うと感じ、躊躇《ちゅうちょ》してしまうものである。凡庸な者は決心がつかず、他人の言に影響されることとなる。

（1篇6章）

意志の強固と頑固は違う。頑固とは硬直的なだけだ

頑固とは知性（悟性）の欠けている状態をいうのではない。〔意志の強固さとは違う〕頑固とは、自分の見解より優れた見解に対し、それを受け入れようとしない態度である。……この意志の執拗さ、他人の諫言《かんげん》を受け容れようとしない態度は、端的にいって、特殊な我欲によるものであり、自分自身の精神活動だけで自他のすべてを律することに最大の快楽を感じる心理だ。

（1篇3章）

軍人の勇敢さは、普通の人の勇敢さとは異なるものである

軍人の勇敢さは、普通の人の単なる勇気とは異なる方向を取らざるをえない。軍人の勇敢さは、個人の本来の傾向である気ままな行動や力の誇示への衝動を棄

てさせ、服従、秩序、規則、準則のような、より高度の形態の要求に従わせるものでなければならない。戦争への熱狂は、軍の武徳に生命を吹き込み、さらに燃え立たせるものだが、必ずしも軍の武徳の不可欠な要素ではない。

（3篇5章）

戦争ほど、大胆さが認知される場所は他にない

戦意を鼓舞し、迫りくる危険に動じない崇高なる気力は、戦争で独特の作用をはたす要素と見なされるべきである。大胆さが戦争で市民権を認められないとしたら、実際に人間活動のどの分野で市民権を認められるというのか。輜重兵《しちょうへい》や鼓手《こしゅ》から高級司令官（将帥）に至るまで、大胆さは最も高貴な徳である。

（3篇6章）

臆病よりは、勇敢な方が勝利を得る可能性が大きい

勇敢な側と臆病な側が遭遇した場合、勝利の可能性は必ず勇敢な方にある。

……用心深い人々の大部分は、恐怖の念から用心深くなっているのである。……戦争についての洞察力が同じ程度の場合、大胆さによってもたらされる弊害より、優柔不断なことの弊害の方がはるかに大きい。

（3篇6章）

知力と大胆さを兼ね備えた司令官こそ驚嘆に値する

指揮官は地位が上になるほど、知力、理性、洞察力の重要性が増し、それだけ感情の一特性たる大胆さは抑制される。最高の地位にある者で、大胆さを兼ね備える者が少ないのは、そのためだ。それだけに最高位にある者の大胆さは驚嘆に

値する。大胆でありながら、それを抑制する知力を備えている者は英雄の名に値する。

（3篇6章）

司令官の決断力の不足だけは、誰も助けられない

普通の人間でも、危険や責任のない場で、架空の現実のことについてなら、生き生きとした直観がなくとも正しい結論に至るかもしれない。だが、ひとたび危険と責任が迫ってくると観察力は失われる。他人がそれを補うにしても、決断はできない。決断力［の不足］だけは他人の力では、どうにかなるものではないのだ。

（3篇6章）

卓越した司令官は、生まれながらに大胆さという精神力を備えている

大胆さを抜きにして、卓越した高級司令官（将帥）ということは考えられない。生得的にそれを備えていない者からは、優れた司令官は輩出されない。大胆さこそ、司令官として成功する第一の条件である。この生得の力が、教育やもろもろの人生経験によってさらに発達を遂げるか、また、その人が高い地位に達した時、陶冶《とうや》されたこの力がどれだけ残されているかが、第二の問題となる。

（3篇6章）

9

勝敗を
分かつもの

解説

戦争での勝敗を分けるものとして、クラウゼヴィッツはまず兵力の集中を説き、原則として予備部隊を認めない。兵員・装備の量とともに、敵・味方の精神力を重視しているが、早くも兵士の民族精神に注目している。また、あえて名声と栄誉を求める感情を肯定しているのも彼らしい。国土の面積を要因の一つに挙げ、特にロシアのそれを重視している。冬将軍に敗れたナポレオンの負の教訓だが、後にヒトラーもまた同じ轍《てつ》を踏んでいる。

敵の抵抗力は兵員・装備の量と、意志力の強度とに示される

敵を打倒しようとするなら、敵の抵抗力を知り、それに応じてどれだけ戦力を割《さ》くかを決めねばならない。敵の抵抗力は、分離しがたい二つの要因からなる。一つは、その兵員・装備の量であり、いま一つは意志力の強弱である。

（1篇1章5）

戦闘力では、国土の面積も重要な要因である

戦争に用いられる諸力〔の源泉〕とは、狭義の戦闘力、国土の面積・人口、同盟諸国の三つである。国土の面積・人口は、狭義の戦闘力の基盤となる資源だが、〔広大なロシアの面積のように〕それ自身が戦力の有力な部分をなしている。

（1篇1章8）

決戦での完全な敗北も、最終的なものとはかぎらない

戦争では、ある決戦の勝敗が完全に決まっても、それだけでは必ずしも絶対的なものと見なすわけにはいかない。しばしば敗戦国は敗北という事実を、一時的な災禍《さいか》でしかないと考え、他日、挽回《ばんかい》できると考えている場合があるからである。

（1篇1章9）

敵の抵抗力は、敵の有する戦闘力、国土、意志の三つから成る

敵国の抵抗力を奪うこととは何を意味するか。……戦闘力、国土、敵の意志が

それだ。戦闘力の撃滅とは、もはや戦闘を継続できない状態にすることだ。……国土は征服されねばならない。国土から新たな戦闘力が生じる恐れがあるからだ。……さらには敵の意志が挫《くじ》かれないと、戦争の終結と見なされない。敵の政府と同盟国をして、講和を余儀なくさせることである。

（1篇2章）

戦う前に戦闘力の差が分かり、戦闘なく目的が達せられることがある

戦闘力の差が非常に大きい場合、単なる見積りだけでも双方の戦闘力が測定できる。その場合、戦闘が生じることなく、弱者は直ちに屈服するだろう。戦闘の目的が敵戦闘力の撃滅にない場合、実際の戦闘なしに、その目的が達せられることがあるのだ。つまり、相互の戦闘力を確認し合い、戦闘の結果を推測することでも達成されるのだ。……この類の戦争も、戦争の本性にてらし内的に矛盾するものではない。

（1篇2章）

単なる猪突猛進は、敵の戦闘力の撃滅どころか、味方を壊滅させる

《敵の戦闘力の撃滅は最も効果的な手段である》が、それは他の条件が等しい場合、との前提でのことだ。従って、その結論から、巧遅《こうち》よりも拙速に優るものはない、との結論を下そうとすれば、それは誤解も甚だしい。単なる猪突猛進は敵の戦闘力を撃滅させるというより、味方の戦闘力を壊滅させてしまうだろう。

（1篇2章）

敵の戦闘力では、物質的な戦闘力に限らず、精神的戦闘力も必ず考えよ

読者の注意を促しておかなければならないが、敵の戦闘力の撃滅という場合、戦闘力の概念を物質的なそれに限る必要はない。むしろ、精神的戦闘力も必ず中

に含めて考えるべきである。物質的、精神的な戦闘力の両者は、互いにからみあっており、二つを引き離すことはできないからである。

（1篇2章）

待ち受けという受動的行為でも、流血の回避を目的としてはならない

待ち受けは決して、まったくの受け身の行為であることを許されない。待ち受けと結びついた行動にあっても、他の諸目標と並んで、関与してくる敵戦闘力の撃滅が目標となることがあるのだ。……従って、《受動的な努力は、敵戦闘力の撃滅を目的とせず、流血を伴わぬ解決を目指すものだ》とする考えは、根本的に間違っている。

（1篇2章）

名声と栄誉を求める感情は、戦争に魂を吹き込む生命の息吹だ

白熱する戦闘にあって人の胸を満たす感情としては、名声と栄誉を求める感情ほど強烈で恒常的なものはない。だが不当にも、ドイツ語では野心とか功名心などと、品位のない言葉で語られ、副次的な意義しか与えられていない。……しかし、これらの感情は極めて高貴なものであり、戦争にあっては大規模な組織体に精神を与える生命の息吹そのものである。

（1篇3章）

精神的要素を無視しては、戦争学は成り立たない

戦争での精神的要素は、書物で論じられることはほとんどなく、全然なかったといってよいほどだ。にもかかわらず、戦争を構成する他の諸要素と同じく、そ

れはやはり戦争学理論の対象である。……精神的な力をすべて排除したり、それを例外として扱ったりして、戦争の規準や原則を導き出し、……ある程度、学問的に構成されているように見せかける古くからのやり方は、まったく愚かという他ない。

（3篇3章）

精神力の影響を考慮しない理論は、臆病で偏狭なものとなる

〔論じるのは容易でないにせよ〕理論が精神的要素を無視することは許されない。物理的力の作用と精神力の作用は相互に融合しており、化学的方法によって合金を分解するような具合に両者を切り離すことはできないからである。……精神力の影響を考慮に入れない断定的な結論は、時にあまりにも臆病で偏狭なものとなり、時にあまりにも傲慢で広漠《こうばく》なものとなろう。

（3篇3章）

精神的な要素のなかでは、現在は、軍隊の民族精神が重要だ

精神的な主要要素は、高級司令官の才能、軍隊の武徳、軍隊の民族精神である。どれが重要かは、一般に判定できない。……だが今日では、欧州諸国の軍隊は技術や訓練でほぼ同一水準に達し、用兵は自然に合致したものとなっている。また、その方法はほぼどの軍隊もが共有する様式となり、司令官に狭い意味での特殊な手段を期待できない。軍隊の民族精神や軍事的熟練がより重要になっているのは否定できない。

（3篇4章）

保有する戦力は、決定的に重要な地点に集中させねばならない

最善の戦略はまず、十分な兵力を備え、一般的な優勢をえることであり、……

次に決定的な瞬間に十分な兵力をおいておくことである。それゆえ、……兵力の増強を別にすれば、高級司令官（将帥）にとって保有する戦力を集結させておくこと以上に、重要かつ単純な戦略上の原則はない。差し迫った目的のため、やむをえず行なう場合を除き、いかなる兵力も本軍から切り離されてはならない。

（3篇11章）

主要な決戦には全兵力で臨むべきで、予備部隊など愚の骨頂だ

〔予測せざる事態のための兵力が戦略的にも必要な場合もあるが、〕戦略予備という観念が矛盾に陥りはじめる点は、容易に特定できる。それは主要な決戦である。主決戦には持てるすべての戦力が投入されねばならないが故に、この決戦の後に使う予定の予備（戦闘準備完了した兵力）などというものは愚の骨頂である。

（3篇13章）

戦闘の勝利とは、敵が闘争を放棄し、劣勢を認めることだ

勝利の全体的概念を一瞥すると三要素がある。①物質的戦闘力での敵側のより大きな損失、②精神的戦闘力での〔敵の〕より大きな損失、③〔敵が戦争遂行を断念し〕その意志を公然と認めること、である。だが〔①②は曖昧で〕多くの場合、勝利の唯一の正しい証拠としては敵の戦闘の断念しか残らない。損失の承認は降伏の印と見なされるべきで、それで個別的戦闘での味方の正当性と優越が認められたことになる。

（4篇4章）

戦争の勝敗を決めるのは、敵戦闘力を撃滅する大会戦だ

確信をもって言える。①戦争の主要原理は敵戦闘力の撃滅であり、積極的行動

を取る側にとっては、それが目標に至る主要な道程である。②この戦闘力の撃滅は主として戦闘でのみ生じる。③大規模かつ一般的な戦闘のみが大きな成果をもたらす。④戦闘が統一されて一大会戦となるとき、結果は最大となる。⑤高級司令官は大会戦でのみ自ら指揮する。だが……それも部下に指揮を委ねる場合もあるのは当然である。

（4篇11章）

会戦には、体力が低下した状態で突入することが多いことを忘れるな

普通、敵味方の両軍は体力が非常に低下した状態で会戦を始める。会戦直前の運動は多くの場合、緊迫した状況で行われるからである。長い戦闘の間に疲労はその極に達している。かくて勝者も敗者に劣らず混乱し、当初の編成から離れてしまっている。そのため内部秩序を回復し、分散した兵を集め、消費された弾薬を補う必要が生じている。

（4篇12章）

司令官は推定にあたり用心深くあれ。慎重すぎても、無謀でも、目標を達成できない

普通、大多数の高級司令官（将帥）は目標にあまり接近せず、遠く離れた場所に踏みとどまろうとする。他方、勇気ある野心的な高級司令官は、しばしば目標を踏み越え、かえって目的を成就できないこととなる。僅かな手段でもって大事を行う者だけが、幸いにして目的を達成できるのである。

（7篇〔22章付論〕）

ロシアという国は、内部崩壊か内部抗争でしか屈服することはない

〔面積がきわめて広いため〕ロシアという国は、完全な征服、つまり占領を続けられる国ではない。少なくとも今日の欧州のある一国の軍隊ではできないし、ナポレオンの率いる五十万の軍をもってしてもできない。それ自身の弱さか、内

部抗争によるほか屈服させる方法はない。

（8篇9章）

コラム❺『戦争論』の訳語あれこれ

クラウゼヴィッツといえば「殲滅《せんめつ》戦争の元祖」と言われるイメージがあるが、それはどれだけ実態に近いのか？　答えは本書の文章に多く秘められている。

翻訳ではどうしても訳語のイメージに左右される。戦争の定義が「敵戦闘力を殲滅するもの」などとあるのだから、「皆殺し」を連想され、凄まじいイメージとなる。

原文のドイツ語はフェルニヒテゥング（Vernichtung）だが、敵の意志を挫くこととあり、投降もまたそれに含まれるとある。皆殺しを連想するような殲滅ではちょっと困るので、本書では「撃滅」とした。もう少し工夫の余地があるかもしれない。

訳者が悩んだのは、軍指導者についての言葉である。ピラミッド型組織の軍指導者層の全体と、その上層部につき、二つの言葉で呼び分けられているが、これが難物なのだ。

まず指導者層全体だが、フューラー（Führer）とあり、これは指揮官とした。上層部と特に分ける場合は下級指揮官などとした。困ったのは、軍組織の頂点付近の指導層の方であり、フェルドヘア（Feldherr）という言葉が使われているが、決まった訳語がなかった。

古くはほぼ「将帥」と決まっていたようだが、古すぎる印象が否定できない。「軍を率いて指揮する大将」という説明が辞書にあるが、今日では一般的でない。恥ずかしながら編訳者も辞書を見るまで分からなかった。

「最高司令官」という訳もあるが、これだと一人しか意味しないように受け取られかねない。「大将」もあったが、中将や少将はどうなのか、と聞かれそうだ。「将軍」もあるが、江戸幕府などを連想してしまう。結局、本書では高級司令官とし、あとは意味からして一人と思われる場合、最高司令官とした。これも工夫の余地があろう。

10
戦場の
情報・摩擦・賭け

解説

まず戦場で錯綜する情報につき、判断力の涵養《かんよう》が説かれる。この箴言《しんげん》は情報社会の今にも通じる真理だろう。戦場でのもろもろの困難につき、物理現象の用語たる「摩擦」を借りて、その作用を認識させる。戦場は、計画が狂わされて当然という世界なのだ。「水中での歩行」のようなもので、簡単なことが簡単でなくなるのが戦場だという。偶発的出来事も多く、賭けの要素があるが、不屈の指揮官だけがそれを乗り越えられると訴える。

確実な情報でなくては信じてはならない、というのは愚かな話だ

敵軍と敵国についての知識のすべてを情報といい、それは自軍の思考と行動の基礎になるものである。……どの書物にも、確実な情報でなければ信用してはならない、とか、何事にも疑いを持ち続けよ、などという言葉が見られる。だが、このようなことは所詮、貧弱な書物の上での戯言《たわごと》にすぎない。……戦争の最中に得る情報は、大半が不確実なものだからである。

（1篇6章）

矛盾する情報の中で、将校は識別力を持たねばならない

戦争中に得られる情報の多くは、相互に矛盾している。誤報はさらに多い。そして、他のものも大部分はかなり不確実である。そこでは、将校には一定の識別

力が求められる。そのための識別力を与えるものは、事物と人間性についての知識であり、判断力である。

（1篇6章）

多くの情報が、是であれ非であれ、一致している場合は危険だ

〔戦争で得られる情報は互に矛盾しているものだが、〕矛盾しながらも、そこに多少なりとも均衡を生み、批判的吟味が自然に求められる場合は、まだしも幸いである。多くの情報が相互に補足・助長し合い、イメージをより鮮明にし、一気に決断へ急がせる場合は問題である。批判的吟味が忘れられているだけに、すべての情報を信じきっている者は窮地に陥ることとなる。

（1篇6章）

戦場の情報の大部分は虚報だ。そして恐怖感が虚偽を助長する

たいていの情報は〔戦争では〕間違っていると思って差し支えない。しかも人間の恐怖心が虚偽の傾向を助長させる。誰でも良いことより悪い事を信じたがる傾向があり、危険についての情報は、たいてい虚偽か誇大だが、大海の波のように一度は崩れても再び打ち寄せる。（1篇6章）

軍事行動に伴う危険に対し、最も重要な精神は勇気である

戦争の主観的性質、つまり戦争遂行上、必要な諸力に目を転じてみよう。……軍事行動には本質的に危険が伴うが、危険に対する人間の精神力で最も重要なのは何か。――勇気である。勇気と賢明な計算は折り合うこともある。しかし両者

は、もともと種類が別のものであり、異なる精神力である。

（1篇1章21）

戦争には《賭け》の要素があり、戦争の隅々まで貫いている

元来、絶対的なものとして扱われている、数学的な厳密性は、兵学上の計算ではさして重要な根拠となるものではない。戦争には最初から可能性、蓋然性、幸運・不運など、賭けの要素が混入しているのだ。この賭けのような性質が戦争の隅々まで貫いている。戦争が人間の営みのなかで最もカード・ゲームに似ているといわれる所以《ゆえん》がここにある。

（1篇1章21）

戦争では諸々の困難が積もり、「摩擦」を生み、机上の計画を阻む

戦争では確かに一事が万事、至って単純である。しかし、ごく単純というのが曲者《くせもの》で、実は難しいのである。これらの困難が積もり積もると《摩擦《フリクション》》〔障害〕を生み出すのである。……これがどんなものであるかは、戦争を実地に体験したことのない人には、到底思い及ばないであろう。

（1篇7章）

戦争では計画を狂わせる無数の困難が生じる。それが《摩擦》だ

戦争では計画の際に考慮に入れられなかった無数の、小さいながら面倒な事態が発生し、「それが積もり積もって」たちまち予定が狂う。そして当初の目標からはるかに遠いところに留まらざるをえなくなる。これが〔物体の接触で生じる

物理現象と同じような〕《摩擦》である。鉄のような強い意志を持つ者だけがこの摩擦、障害を克服できる。

（1篇7章）

現実の戦争では軍隊も、摩擦のため計画が狂うことになる

ある意味で現実の戦争と机上の戦争を、かなり一般的に区別する唯一の概念は、摩擦である。軍事的なマシーンたる軍隊と、それに属する万端の事柄は極めて単純で、処理しやすいように見える。しかし、〔戦争では〕その組織《マシーン》のどこを見ても一枚岩ではなく、多数の生きた人間から成り、その個人もまたあらゆる面で摩擦を受けている。

（1篇7章）

戦争での《摩擦》は恐るべきもので、計算できない現象をもたらす

〔戦争での〕恐るべき摩擦は、機械装置の摩擦のように、狭小な面上に集中するわけではない。大部分が偶発と密接な関係があり、いたる所で予《あらかじ》めまったく計算しえない現象をもたらす。……〔例えば〕天候がそれである。霧が立ち込めるやいなや、敵をいち早く発見するのも、時期を失せず砲火を開くのも不可能となる。

（1篇7章）

摩擦の存在は、簡単な歩行が水中では困難になるようなものだ

戦争での諸々の小さな摩擦を比喩で説明してみよう。……戦争での行動は、抵抗の多い物質の中での運動に似ている。水中では、歩行という極めて簡単な運動

でさえ、容易にも正確にも行えない。……兵学家の言は、畳の上の水練のようなもので、傍観者にはまことに奇怪で、オーバーに聞こえるに違いない。〔だが、実際に摩擦によって困難なのだ〕。

（1篇7章）

司令官には摩擦を心配するのでなく、その克服が求められる

高級司令官（将帥）の中には、摩擦についてよく知ってはいるが、いざ実践の段となると摩擦に圧倒されて、手も足も出なくなってしまう人がいる。そういう司令官は決して良将とは言えない。司令官が摩擦の性質を知るのは、出来るだけ摩擦による障害を克服するためであって、摩擦を正確に予想するためではない。摩擦の予測など、摩擦の性質からしてありえない。

（1篇7章）

戦場の危険、肉体的労苦、錯綜する情報は、みな広義の摩擦だ

本書で〔戦場の〕危険、肉体的労苦、〔錯綜する〕情報、〔狭義の〕摩擦などと呼んできたものは、戦争という環境に存在し、活動のすべてを阻害する要素である。これらのすべては改めて、その妨害作用のゆえに、一般的摩擦という総称的概念の下に包括できる。この摩擦抵抗を緩和する潤滑油はないものか？——ただ一つある。……それは軍隊が戦争遂行に慣れ、巧みになること、つまり習熟である。

（1篇8章）

習熟とは暗がりでの状況認識の如きもので、新兵には難しい

戦争への習熟こそ、厳しい労苦のなか身体を強化し、大きな危険のなか精神を

強化する。最初の強烈な印象に惑わされず、正しい判断をすることができるようにするものだ。……人間の眼は暗闇では瞳孔を拡大し、僅かな光を吸収して、次第に物体をかすかに見分け、遂には完全に識別できるようになる。戦争に習熟した兵士にはそれができ、新兵はそれができない。

（1篇8章）

戦場ではすべてが不確実で《戦場の霧》のなかで行動しなければならない

戦争においてはすべての行動がかなり不確実であるということも、独特の難しさの一つである。〔《戦場の霧》といわれるものだが〕すべての行動を、かなり輪郭のかすんだ薄明《うすあかり》の中で行わなければならない。それはちょうど、霧の中や月明りのなかでモノをみるようなものである。

（2篇2章24）

不屈の指揮官だけが、打ち寄せる偶発事を乗り越えられる

建築技師は設計通りに建物ができるのを見守っていられる。……それに対し戦争では、大軍の指揮官は……予想しなかった偶発事が波のように襲ってくるのを覚悟しなければならない。……個々の現象につき敏速に判断し、……それに立ち向かう能力は、長期にわたる戦争経験によってのみえられる。……その時々の印象に身を任せる者は、自らの事業を何も達成できないであろう。（3篇7章）

実戦では《偶然》の要因が数多く、好機を生かせないことが多い

敵を待ち受けることとは、攻撃に対する防御の最大利益の一つだが、……実際の戦争では、好機に臨んで為すべきことがすべて為されるということは、極めて稀

である。洞察力の不完全さ、事の成り行きに対する危惧、行動の発展を阻む偶然事などのため、好機に臨んでも大半が遂行されずに終わってしまうものなのだ。

（6篇30章）

11
国民戦争の出現

解説

フランス革命とナポレオンの登場で戦争は大きく変貌を遂げた。傭兵からなる常備軍を国王・内閣が率いて戦う「内閣戦争」だったのが、徴兵などで国民が戦争に加わる「国民戦争」になっていく。ナポレオンはこれにより当初、連勝を収めたが、他の国も導入し始めると、簡単には勝てなくなった。他方、義勇兵なども登場し、ゲリラ戦争の萌芽が見られるようになった。早い段階でクラウゼヴィッツは、その可能性と限界を論じている。

ナポレオンは国民戦争を始め、戦争を一変させた

今日の戦争の性質は……十分に考察されねばならない。……それ以前の旧来の戦争での常套手段が、ナポレオンの勝利と大胆な行動により葬り去られ、一級の欧州諸国が一撃の下に打倒されたことなどで一変した。……近年の戦争の例はすべて、国家の諸力、戦争遂行に必要な諸力、戦闘力を担うのは、実に国民の勇気と志操《しそう》に他ならないことを余りなく示している。（3篇17章）

十九世紀には国民の戦争への関与が大きくなり、戦争は一変した

〔国民が戦争に関わるようになった〕国民戦争は、十九世紀の欧州での現象と言うべきである。……そもそも国民戦争は、近代戦争が旧来の人為的な枠を破っ

て、その本来的な激烈性を発揮するに至った結果の産物である。……それを最初に使った者〔ナポレオン〕は、そのために著しく強力になった。かくて〔潜在敵国など〕他の者もこれを見習い、それらの手段を採用するようになった。

（6篇26章）

戦争は十九世紀初頭に一変し、国民が戦局を左右するようになった

フリードリッヒ大王は……〔十八世紀に何度も〕オーストリアに攻撃的に前進したが、……その意図は、同国の征服ではなく、時間稼ぎと戦力の強化であった。〔だが十九世紀の〕対フランスの戦争ではそうでなかった。……十八世紀には戦争はいまだに内閣の仕事で、国民は盲目的な道具として加わっただけだったが、十九世紀初頭には交戦両国の国民が戦局を左右するようになった。

（8篇3章A）

君主と政府だけの軍隊は慎重であり、戦争はカード・ゲームのようだった

〔フランス革命より前は、軍隊は君主と政府だけの事業となっていた。そこでは〕戦争は政府にだけ関わりのある事業であり、公金で自国や近隣の流浪者を集め、戦争を行っていた。……極限に至る力の行使と、それに伴う予測不可能性という、極めて危険な性質がなくなっていたのである。……カード・ゲームのようなものになり、強引な手段を交えて行う、やや強硬な外交術のようなものとなっていたのだ。

（8篇3章B）

フランス革命を経て、突如、戦争は国民の事業となった

〔大革命の後〕一七九三年には人々の夢想さえもしなかった巨大な軍隊が出現

した。戦争はまったく突然、国民の事業となった。……国民が戦争に参加するようになるとともに、……全国民が勝敗の帰趨を決めるものとなった。今や用いられる手段にも、傾注される努力にも、どんな限界もなくなった。戦争を遂行する際のエネルギーを抑制する何ものもなく、敵にとっては危険がこの上もなく絶大となった。（8篇3章B）

フランスの国民動員に対し、他国も同様の対抗策をとった

ナポレオンの手で一切が完成されるに及び、国民の総力を基盤とするフランス軍は破壊的な力をもって着実に欧州を席巻《せっけん》し、旧式の軍隊に対し圧倒的な強さを示し、勝利は疑う余地のないものとなった。だが、やがて対抗する動きが生じ、各国も立ち向かってきた。スペインでは「ゲリラ誕生で」戦争はおのずと「国民を巻き込む」国民戦争となった。オーストリア政府は一八〇九年、絶大な努力を

払って、初めて予備軍と後備軍を組織した。

（8篇3章B）

戦争に制約が除かれ、絶対戦争が生じた。その傾向は続くだろう

〔絶対戦争に向かう〕このような状態が続くものか？　欧州での将来の戦争はすべて、常に国力の限りを尽くして戦われるのか？　国民に関係の深い大利害によって戦われるのか？　あるいは次第に政府と国民の分離が〔生じ、旧来の戦争が〕再び立ち現れるのか？――これらにつき断言するのは困難であり、断定するつもりもない。だが……一度戦争に対する制約が取り除かれた以上、再び制約が〔そのまま〕出てくることはないだろう。

（8篇3章B）

フランス革命は政府、国民を一変させた。他国はそれを認識せず大失敗を犯した

フランス革命は対外的に莫大な影響を及ぼした。その影響の根源は、フランスの用兵が新しい手段、新しい見解の下に行われたことにあるのではない。むしろ、政治技術や行政技術が一変し、政府の性格、国民の状態が変化したことに根源があるのは明らかだ。これらの事態を正確に捉えられず、他国の政府が旧来の手段により、圧倒的な新兵力に対抗しようとしたのは、明らかに政治の過失である。

（8篇6章B）

地形によっては民衆が武装して戦う部隊が威力を発揮する

〔戦闘では〕各兵卒のもつ勇気、能力、精神などが、すべてに先行する。……

それは国民兵や〔ゲリラなど〕民衆の武装闘争の場合を考えるとよく分かろう。個々人の熟練度や勇気は必ずしも卓越していないものの、戦闘精神は旺盛であり、分散した戦闘によく耐え、〔山岳地域など〕障害物のある地形で優秀さを発揮する。だが、そういう部隊が戦闘力を発揮するのは、そのような地形に限られる。

（5篇17章）

ゲリラ戦が効果を上げるには条件があり、どこでもよいわけではない

〔ゲリラ戦のような武装した民衆の〕戦いが効果を上げるには、次の条件による。①戦争が防御側の国内でなされること。②戦争が一回の決戦での大敗北で決まってしまわないこと。③戦場が広く、大きな空間にわたること。④民族性からしてこの種の戦いに向いており、支援されていること。⑤山岳、森林、沼地により……国土が断絶し、通過に困難な場所が多いこと、である。

（6篇26章）

ゲリラ部隊は敵の主力に向けるな。周辺の活動に限れ

武装した〔ゲリラなど〕民衆部隊は、敵の主力はもちろん、敵の大部隊にも用いるべきではない。敵の中核を粉砕しようなどと意図すべきではなく、ただ敵の表面的な部分や周辺部分を侵食することに限るべきである。戦場の周辺にあって、攻撃側が大軍を率いてやってくる恐れのない地域で活動し、その目的はその地域を敵の勢力圏外におくことにある。

（6篇26章）

民衆の武装した力については、会戦敗北の後と決戦遂行の前の利用がありうる

防御のための戦略的計画で、民衆の武装した力を利用するにあたっては、次の二つの方法がありうる。……その一つは、会戦で敗北した後の最終的補助手段と

してである。他の一つは、決戦遂行の前の自然的な援護としてである。（6篇26章）

十九世紀になって決戦を期する戦争が行なわれるようになった

〔十八世紀まで〕多くの戦争や戦役は、決戦を目指す生死をかけた戦いというより、むしろ双方が監視する状態に近かった。戦争が決戦を期して行われるようになったのは、十九世紀になってからのことである。〔絶対的性質をおびた〕決戦を基礎とする戦争の理論も、ここに初めて適用されるようになった。（6篇28章）

コラム❻「ポリティーク」は複雑——政治・政策・方針

「戦争とは、異なる手段を交えた政治的交渉の継続」とは、『戦争論』の有名な一節だが、ここに出てくるドイツ語の「政治」（ポリティーク）はかなり翻訳が厄介だ。

ドイツの社会学者ウェーバーの『職業としての政治』（岩波文庫ほか）でも、冒頭に意味の取りにくい表現が出てきて、面食らう。政治と言っても、各種のポリティーク（政策）には触れない、との断わりが出てくるが、日本人は混乱してしまう。

英語の politics と policy の呼び分けがドイツ語にはなく、みな Politik（ポリティーク）という。英語ならポリシィを使う経済政策や社会政策なども、みな経済ポリティーク、社会ポリティークだから、混乱しやすいのだ。

だが、日本語は英語以上に困難だ。『戦争論』の画期的英訳とされるハワード&パレット訳でも、politics と policy を訳し分けているが、そのまま日本語で政治、政策と機械的に処理するだけで済むほど単純でなく、悩ましい。

編訳者（加藤）は本書の編訳作業の前に英語のラスウェル&カプラン『権力と社会』（芦書房）を訳したが、そこでは policy とは何かが延々と述べられている。苦心の末、政策と方針に分けたが、この点で日本語は英語より複雑なのだ。

カタカナの好きな日本の経営学者は、よく「ポリシィ」と言うが、会社の政策ではまずいので、方針のことをいうのだ。

大雑把にまとめてみる。——ドイツ語でポリティークと一語で済ませる概念は、英語ではポリティックスとポリシィの二語になり、日本語では政治、政策、方針と、最低、三語は必要ということだ。読者も少し気をつけてもらうと、理解が深まろう。

12

敵の《重心》への攻撃

解説

兵力集中を旨とするクラウゼヴィッツは、敵全体の中で重心をなす部分を攻めよ、という。もちろん軍が重心の場合もあるが、首都が重心ならその占領がカギとなる。場合によっては、敵の同盟国が「真の敵」であり、重心をなしていることもある。ゲリラ戦では世論の支持が基盤をなしていることもあり、支持がなくなれば抵抗が弱まるともいう。

敵の撃破では国土全体の占領は必要とは限らず、《重心》への攻撃が重要だ

戦争の目標はその本来の〔理念的〕概念からすると、敵の完全撃破でなければならない。これこそ本書の出発点をなす根本概念である。では、敵の完全撃破とは何か。――そのためには、敵国全体の占領は必ずしも必要とは限らない。……重要なのは、敵の力と運動の中心、〔敵の全体の重みがかかっている〕重心に向かっての突進である。

（8篇4章）

敵に勝つには、敵全体の《重心》を目指し、全力で突進せよ

理論上言えるのは、交戦両国の主要な状況に留意する必要がある、ということである。主要な状況によって、すべてがそこから発する《重心》が形成されるの

であり、その重心とは全体を担う力と運動の中心のことだ。戦争では、重心に向かって全力を挙げて集中的に突破していくことこそが肝要である。（8篇4章）

敵の重心はどこか。ゲリラなど武装した民衆では、その指導者と世論だ

一般に小は絶えず大に依存し、重要でないものは重要なものに……依存している。これこそが導きの糸だ。アレクサンダー大王や……フリードリッヒ大王の重心は軍隊にあり、軍が粉砕されれば両大王の役割も終わりを告げた。……強国に保護されている小国では、重心は同盟国の軍隊にある。……［ゲリラなど］民衆が武装した部隊では、指導者たる人物と世論に重心がある。［世論の支持がなくなれば抵抗も弱まる］。（8篇4章）

攻撃で敵が均衡を失ったら、猶予を与えず《重心》を攻めよ

敵がひとたび均衡を失ったら、均衡回復の時間的余裕を与えてはならない。攻撃はこの方向に続行しなければならない。……敵の重心に向けねばならないのだ。……攻撃側は、敵兵力の中核を目指し、戦争での全体的勝利を得るため、全力を尽くすことでのみ、敵を打倒できよう。

（8篇4章）

敵の完全打倒には、敵の《重心》の撃破が最も重要である

敵の戦闘力の撃破こそ勝利の最も確実な手段であり、最重要事項である。多くの経験からすると、敵の完全な打倒の条件は次のものと思われる。

一、敵側で軍が重心となっている場合は、軍を撃破する。

二、敵の首都が国家権力の中枢で、政治団体や党派の基盤である場合、首都を占領する。
三、敵の同盟国が敵より有力なら、それに有効な打撃を加える。

（8篇4章）

敵が複数の国の同盟の場合は、同盟諸国の結束に応じて対応せよ

複数の国からなる同盟国との戦争の場合だが……政治的結束の程度は様々である。問題は、各国が……独自の利害と独自の力を持っているか、一国に依存しているかである。……一か国を撃破することで敵を撃破できる場合は、その敵の撃破を目標としなければならない。その敵が全体に共通する重心と見なせるからだ。……稀に一個の重心に集約できない場合があるが、その時は複数の戦争と見なして対応するしかない。

（8篇4章）

敵の《重心》に対しては、集中的かつ速やかに行動せよ

全作戦計画では次の二つの原則が重要だ。……敵の戦闘力をできるだけ少数の重心に絞れ。可能なら一個の重心に還元せしめよ。次にその重心への攻撃をできるだけ少数の主要行動にまとめよ。可能なら一個の主要行動に還元せよ。最後に、他の一切の行動は、できるだけこの主要行動に従属させよ。——これが第一の原則だ。……第二の原則は、できるだけ速やかに行動することである。従って、充分な理由なくして中断・迂回をしてはならない。

（8篇9章）

コラム❼『戦争論』はなぜ難解か

『戦争論』は難解なことで有名だが、なぜだろうか？――著者の急逝のため、未完であること、カントやヘーゲルの哲学に親しんでいて、その影響が見られることなど、内容に関わる問題があるが、ここでは他の点につき、思いつくまま述べてみる。

まず原文の文章がやたらに長く、六行、七行くらいは平気で続く。他方、略せる言葉は略す方針だったのか、省略も実に多い。訳者の工夫がないと、分からなくなるのだ。「前者」「後者」も実に多く出てくる。訳者が気を利かせてうまく処理してくれるといいのだが、そのままのものが多く、途中から何が前者で、何が後者か、分からなくなる。

挿入句も好んで用いられ、単純に言わないので、文章が複雑になり、訳者泣かせである。もともとドイツ文は複雑だと言われるが、度を超して複雑な構造になっている場合が多く、分かり易い訳文にするのは至難の業だ。

こういう事情に加え、岩波文庫の篠田訳は、原文がピリオドにならないうちは、マル（。）にせず、テン（、）で通している。これでは日本語の理解が難しくなる。

また、ドイツ語の学術的著作で著者は、自分を「われわれ」と書く習慣があるが、訳書ではそのまま「われわれ」とされている場合が多い。これでは「われわれ」が著者のことか、前後に出てくるプロイセンの軍人などのことか、紛らわしい場合が出てくる。本編訳書では「本書では」などと処理したほか、「筆者」でよい場合はそうした。

他に、日本語では、略せる主語や代名詞は略した方がよいのだが、「原文に忠実」ということか、全部訳している傾向が見られる。日本語として不自然になっていくから、すんなり頭に入りにくくなる。――この調子で書いていくと、跳ね返って自分にも影響が及んでくるので、この項はこれまでとしておく。

13
戦略と戦術

解説

古くから使われていた戦略、戦術という言葉が、体系的に用いられるようになったのは『戦争論』からである。レーニンが頻繁に用い、政治などの分野でも盛んに使われるようになったが、クラウゼヴィッツは戦場での軍の運用に主たる関心があり、その文脈で戦略という言葉を用いている。「統率」「統帥」に近いもので、兵力の集中、敵の重心への攻撃、追撃の重視、防御の活用が説かれている。今日では戦略の意味が当時よりずっと広いことに留意したい。

戦略・戦術という言葉がただ使われているが、適切に分けよ

昨今は戦術と戦略という分類がきわめて一般的に使われている。……だが一部の著述家により勝手に使われているような、本質に基づかない概念規定はまったく使用にたえない。……戦術とは、戦闘において戦闘力を行使する方法を指し、戦略とは、戦争目的を達成するために戦闘を用いる方法を指すものである。

（2篇1章）

戦略にそって作戦計画を立て、戦場で修正していく必要がある

戦略が戦争目的のための戦闘の使用である以上、戦略によって全軍事行動に、その目的に対応した目標を設定しなければならない。戦略は作戦計画を立案し、

この目標を達するのに役立つ行動を、これと結びつけるものだ。……だが実際には、きわめて多様で、細かい規定を予め明示することはできない。従って戦略は、戦場に出かけ、細かいことは現地で決め、全計画を不断に修正する必要がある。

（3篇1章）

奇襲は、戦術面で効果をあげる場合もありうる

奇襲は決定的な地点に対し、相対的優位を得るための手段である。だが、それだけでなく奇襲はその心理的効果によって、一種独特の戦争原理と見なされなければならない。奇襲が大きな成功をおさめた場合には、敵を混乱させた上に、敵将兵の勇気を挫くことができるのである。

（3篇9章）

奇襲には秘密保持と迅速性が不可欠で、強い司令官と厳格な軍紀が必要だ

秘密と迅速とは奇襲に必要な二大要素であり、この二要素は政府・高級司令官（将帥）の多大のエネルギーの傾注と、軍隊の厳格な軍紀があって初めて可能になる。脆弱な司令官と弛緩した軍紀の下では奇襲を図っても無駄である。

（3篇9章）

奇襲の余地が大きいのは、戦術レベルでのことである

奇襲がすばらしい成功を収めることは稀である。従って、この手段にあまり大きな期待をかけるのは正しくない。……また、奇襲が用いられる余地が大きいのは、戦術レベルのことである。それは戦術においては時間が限られ、空間が比較

的狭いという至極当然の理由による。……奇襲がやりやすいのは、一両日で片づくような戦闘においてである。（3篇9章）

百計が尽き、挽回の望みが乏しい場合、策略が登場してくる

戦略上用いうる兵力が貧弱な場合には、……策略が頼みの綱となる。どんなに用心深く、賢明な指揮をもってしても、どうにもならない軍隊にあっては、百計が尽きた状況で、策略が最後の救いの手段となる。形勢が挽回の望み乏しく、絶望的な最後の一戦にすべてがかかっているような状況では、大胆さが強まり、策略が浮上する。（3篇10章）

兵力の逐次投入は、原則として許されない

〔保有する兵力を集結させておくことは、重要かつ単純な戦略上の原則である。従って〕戦争では一般に、兵力を小出しに（継時的に）使用して所期の効果を収めようとするやり方は許されない。一回の戦闘に必要な兵力を、すべて同時的に使用することが、戦争の根本原則である。（3篇12章）

兵力の逐次投入は戦略では不可だが、戦術レベルではありうる

〔兵力の逐次投入は原則として許されない。〕しかし、それは戦争が現実に機械的な衝突と類似している場合に限られる。戦闘を双方の兵力の継続的な相互作用と解する場合には、兵力の小出しの使用が有利な場合も考えられる。それが妥当

するのは、戦術においてである。（3篇12章）

戦略では、兵力は同時に使用すべきというのが結論だ

戦術では兵力を小出しに使用しても差し支えないが、戦略では兵力を必ず同時的に使用しなければならない。……戦術では、緒戦の成果によって戦局を結ぶことができなければ、それに続く戦闘のことを考えねばならない。……しかし、戦略ではそうではない。……戦略的に敵兵力と対峙し、自軍が優勢なら……ただ戦場に姿を現わしただけで決定的に影響を及ぼした部隊は、力を備えたまま、新たな目的に使用できる。（3篇12章）

予測されざる事態に備える場合に限り、兵力の温存もありうる

戦略上も、予測されざる事態に備え兵力を残しておく必要性が生じることがある。その場合に限り戦略予備も必要である。……戦略でも自軍の兵力配置は、まず敵状の実見により、次には、日々刻々入ってくる不確定な情報に基づいて決められ、最後には戦闘で生じた実際の結果を目安に決定される。これが通例なので、敵情判断の不確実さに応じ戦闘力を後刻の投入に備え温存するのは、戦略上の本質的条件である。

（3篇13章）

漠然たるものなら戦略予備は不必要で、危険でもある

戦術における戦力の逐次投入は、主要な決戦を〔時間的に〕戦闘全体の後の方

に置くものである。しかし、戦略における兵力の同時的使用の原則からすると、逆に主要な決戦は、ほとんどの場合、軍事行動の早い段階に置くことになる。……従って戦略予備は、目的が漠然たるものなら、不必要なばかりか、はなはだ危険である。

（3篇13章）

陽動作戦《フェイント》たる牽制は、敵を主要地点から引き離すものに意味がある

牽制は、敵兵力を主要地点から引き離すための、敵地への攻撃と解されている。これが主たる意図であるときのみ、牽制は独特の作戦となりうる。それが対象を攻撃したり、征服したりすることに向けられるのなら、通常の攻撃と何ら変わりないものとなる。

（7篇20章）

味方の戦闘力の保持は消極的なものだが、敵の戦意を挫《くじ》くのが目標だ

敵の戦闘力の撃滅と、味方の戦闘力の維持という、積極・消極の両側面は相互作用をなし、常に相伴って現れる。……敵の戦闘力を撃滅させようとの努力は、積極的な目的のものであり、……味方の戦闘力を維持しようと図るのは、消極的目的のものだ。純然たる抵抗には積極的意図が見られないものの、敵の意図を砕くことがその目標で、究極的には行動の持続期間を長引かせ、敵の戦意を失わせるのが目標である。

（1篇2章）

戦闘には二種類あり、間接的効果を狙うこともある

戦闘の効果には、直接的効果と間接的効果の二種類がある。直接的効果のよう

に敵の戦力の撃滅を狙うのではないが、迂回的な方法で、それにつながる間接的な効果を狙うのが間接的効果である。敵の一部の地域や都市、また要塞、道路、橋梁、倉庫などの占領は、究極の目的ではないものの、当面の目的となりうる。自陣営が優勢を占めるための手段にすぎないが、敵をして戦闘に応じる力を有しない状態にして、そこで戦闘を挑むためのものである。

（3篇1章）

司令権が分かれ、曖昧になれば、必ず混乱が生じる

戦場の概念を援用すると、軍の定義は容易であり、軍とは同一の戦場にある兵員のことをいう。……だが、軍の概念にはもう一つの特徴があり、それは司令権である。……事態が正常であるならば、同一の戦場には唯一の司令権があるだけであり、各司令官はかならず相応の独立性を保持しなければならない。「これが曖昧な場合、必ず混乱を招く」。

（5篇2章2）

軍の行動には、糧食と武器を補充する供給地が不可欠だ

そもそも軍が作戦行動を起こそうとすれば、敵を敵国で攻撃する場合であれ、自国の国境に敵軍を迎え撃つ場合であれ、軍は糧食と武器を補充する供給地（策源）に依存せざるをえず、そのため供給地と密接な連絡を保つ必要がある。供給地は、軍の生存と維持に不可欠の条件だからである。

（5篇15章）

敵を疲労困憊《ひろうこんぱい》に追いやり、壊滅的打撃を与えることも可能だ

国境付近では敵軍の武器に対抗できるのは、自軍の武器だけである。……ところが、［自軍の国内退却で］敵が国内の奥深くに入って来る場合、前進の末、敵の兵力は疲労困憊のあまり半ば壊滅状態に陥っているものだ。……勝負は誰の目

にも明らかになっているが故に、単にわが軍の気勢だけで、敵軍の退却を促し、事態を一挙に逆転せしめることができるのである。

（6篇8章）

国内への退却で、敵を兵站《へいたん》（ロジスティクス）で苦しめることができる

〔国内への退却では〕退却側は到る所に〔糧食の〕貯蔵品を集積する手段を有し、それに向かって退却する。だが、追撃側は進撃を続けているかぎり、すべてを後方から輸送しなければならない。交通線がそれほど延びていない場合でも、輸送に困難が伴うのだ。そのため追撃側は、初めから糧食の不足を覚悟しなければならない。

（6篇25章）

国内への退却には精神的な印象でのマイナスが伴う

国内への退却という防御には、大きな利点を相殺する二つのマイナスがある。敵の侵攻による国土の被害と、精神的印象の悪化である。……精神的な負の印象を軽視してよいと考えてはならない。……民衆や軍のあらゆる活動を麻痺させかねないからだ。国内への退却が、民衆や軍に速やかに理解される場合もあるが、非常に稀である。普通は退却が自発的なものか、失敗によるものか、区別もされないのだ。

（6篇25章）

目標の小規模な攻撃にあっては、一般に利点が少ない

〔限定的目標への戦略的攻撃をどう考えるか。〕——防御だけなら、ある程度少

数の兵力でもかなりの力になるが、攻撃に移行するとなると、そういう利点はなくなる。限定的目標での攻撃では、攻撃側の戦力配備が〔分散し〕無差別的な状態となるので、全軍事行動を主要な行動に集中し、主要な観点からこれを導くのは不可能になる。軍事行動は拡散され、随所で摩擦が大きくなり、偶然に委ねられる余地が大きくなる。

（8篇7章）

敵が攻撃する間、敵の消耗や疲弊を待つだけではいけない

攻撃側が攻撃を繰り返す時、防御側がそれを防ぐほか、何の手もないのでは、いずれ攻撃が成功してしまい、防御側はそれを防げない。攻撃側の消耗や疲弊で講和に至ることもあるが、……それをすべての防御作戦に共通する究極の目標とは見なせない。防御側では待ち受けが目標となるのであり、情勢の変化を待つことも含まれる。……防御側に新しい同盟国が現れたり、相手の同盟関係が崩れた

りするのがそれだ。……強力な反撃を目指す場合もある。

（8篇8章）

名将の価値は、人目をひく名作戦にはなく、目的の達成にある

天才の力は、一見直ちに人目を引く新案の行動様式に示されるよりも、むしろ全体で最終的に成功と言える結果を導けるか否かにある。心の内で秘かに想定されていたことが、すべて現実のものとなり、その方策が安定した調和を保つことこそ、驚嘆すべきものなのである。それは最終的な成功によって初めて、明らかになる。

（3篇1章）

勝敗の決着は会戦で決まるとは限らない。多様な形態があるのだ

いったい勝敗は何で決まるのか？——これまで会戦の形態につき論じてきたが、必ずしも会戦という形態は必要ではない。兵力を分割配備することで、諸々の戦闘の組合せが考えられるからである。ある時は実際に流血の戦闘を交えることで決まるが、またある時には、いつでも戦闘を交えうるとの心理的効果によって敵に退却を促し、戦局を一挙に逆転する場合も考えられる。

（6篇8章）

14
攻撃と防御

解説

攻撃と防御についてクラウゼヴィッツは、防御の優位を強調する。何かを獲得せんとする攻撃より、とにかく現状を維持すればよい防御は、容易なのである。特に弱者の戦略においてそうであり、敵を疲弊させる抵抗が有効である。だが、可能な場合の反撃を忘れてはならない、とクギをさすのが彼一流の論理だ。「防御して反撃しないものは滅びる」のだ。攻撃については、攻撃の進行に伴い、戦闘力が低下する面を丁寧に説き、単純な突進を戒める。

《両極性》とは一つの事柄でのプラス・マイナスの対立関係だ

両極性の原理は、ある事柄につき〔両当事者の〕プラスとマイナスが差し引きゼロになる場合にのみ妥当するものだ。会戦では双方が勝利を得ようとしており、一方の勝利が他方の敗北となるので、本来の両極性となる。しかし、〔攻撃と防御のように〕関係はあるものの、二つの別の事柄が問題となっている場合は、両極性は適用できない。

（1篇1章15）

攻撃と防御は異種のものであり、《両極性》は妥当しない

戦争にただ一つの形式しかなければ……単純なものとなり、〔必ず〕両極性が存在することとなる。ところが軍事行動には……形がまったく異なり、強さも異

なる、攻撃と防御という二つの形式がある。……決戦には両極性があるが、攻撃そのもの、防御そのものに両極性が存在するわけではないのである。（1篇1章16）

弱者が強者に対する場合、敵を疲弊させる継続的抵抗も可能である

すべての手段を純然たる抵抗に集中する方法により、戦闘が有利になる場合があるが、それが敵の優勢を消してしまうほどに大きい時には、ひたすら戦闘を継続するだけで局面が変わることがある。敵の消耗が〔大きくなり、敵の活動が〕当初の政治目的と釣り合わない点に至り、敵は政治目的を放棄せざるをえなくなることがある。弱者が強者に抵抗する場合、この理由から敵を疲弊させるこの方法が広く用いられる。（1篇2章）

敵の攻撃を阻止する防御でも、敵の進出を撃退する行動は必要だ

防御とは敵の攻撃を阻止することであり、その特徴は攻撃を待ち受けることにある。……一方だけが戦争を遂行する絶対的防御というようなものは、戦争の概念と完全に矛盾する。……防御側も敵の進出を撃退しなければならないので、防御的な戦争においてもある程度、攻撃行動が含まれる。もっとも、ここでいう攻撃とは、陣地や戦場の維持という概念に含まれるものであるのは、いうまでもない。

（6篇1章1）

交戦での防御態勢は、決して単なる楯のように考えられてはならない

防御的な戦役でも、個々の師団を攻撃的に使うことができる。また、陣地に立

てこもり、突撃してくる敵を攻撃的銃弾射撃で迎え撃つこともできる。要するに、交戦にあたっての防御態勢というものは、決して単なる楯のようなものと考えられてはならない。巧妙に攻防両用に用いられる楯のごときものと心得られるべきである。

（6篇1章1）

現状維持のための防御は、獲得を目指す攻撃より容易だ

防御は現状を維持することを目的としている。もともと現状維持は、新たに何かを獲得するよりも容易である。それゆえに、防御側と攻撃側の使用する手段が同じならば、防御の方が攻撃よりもはるかに容易だ、という結論になる。

（6篇1章2）

防御は攻撃より有利だが消極的であり、攻撃する力のない時に限る

防御は戦争遂行上、攻撃よりも有利な形式だが、その目的は現状維持という消極的なものであり、防御は、攻撃する力のない時に限られるのは言うまでもない。こちらが積極的目的を貫徹するに十分な力が得られたなら、直ちに防御は放棄されねばならない。……戦争も、防御で始まり攻撃で終わることが多く、それが自然な経緯である。

（6篇1章2）

防御して反撃しない者は、滅びる

防御を最終の目的と考えるのは戦争の概念と相容れない間違った考えである。換言するとこうである。絶対的な防御（受動性）がすべての手段を決定するよう

な会戦が不合理なのと同様に、敵を迎撃することだけに限定し、まったく反撃しようとしないなどという戦争はまったくナンセンスである。

（6篇1章2）

防御は消極的目的に終始せず、積極的目的に移行するためのものである

防御は攻撃より強力な戦闘形式である。〔それ自体は消極的な目的しか持ちえないが、〕この形式を用いて勝利を収めようとするのは、防御によって得た優勢を利用して猛烈な攻撃へ移るために他ならない。つまり戦争の積極的目的に移行するためである。

（4篇5章）

防御側は先手・後手を選べるので、利点が多い

国土防衛の一般的配備で防御側は、堡塁《ほうるい》を伴う要塞、大兵器庫や、平時に備えうる兵力などの点で、攻撃側に対し先行して手を打つことができる。そのため攻撃側は、このような防御側の様子を見計らった上で、作戦を立てなければならない。また防御側は、攻撃側に対して行動を開始する場合には、攻撃側の出方を見た上で適切な対策を講じることができるのであり、《後手の利》を得ることになる。

（6篇28章）

戦場防御での行動には、絶えず繰り返される法則など絶対にない

戦場防御につき、原則、規則、方法というようなものを立てることができる

か。――戦史においては、絶えず繰り返される一定の法則が見出されることは絶対にない。従って、かかる原則、その他を確立するようなことは絶対に不可能である。（6篇30章）

攻撃側では一般に、進撃に伴い戦闘力が低減する傾向がある

攻撃側の戦闘力の低減は、戦略上の主要な考察対象である。……戦闘力は〔進行に伴い〕不可避的に低減する〔傾向がある〕のは次のような理由のためだ。……後方連絡線を確保し後方を守備しなければならないこと、戦闘により損耗《そんもう》と疾病《しっぺい》が生じること、補給基地との距離が延びること、肉体的な困苦と疲労が生じること、などである。……ただそこでは、正面の死活的地点で対峙《たいじ》している戦闘力を比較すればよい。（7篇4章）

攻撃力は次第に低減するから、《攻撃の極限点》の見極めが肝心だ

攻撃側の戦闘力は次第に枯渇していく。……攻撃側は講和での交渉のために有利な条件を確保しようとするが、攻撃側の優位は日々減じていく。その中で講和の時まで優位を維持できれば、攻撃側の目的は達せられることになる。……そこで、たいていの場合、防御の立場に回っても戦闘力を維持でき、講和に備えるに足る点まで攻撃が推し進められる。だが、この点を越えると事態は急転し、防御側の逆襲が始まる。

(7篇5章)

攻撃側の交通線に対して、防御側が攻撃するのは効果があがる

大決戦のない戦争では、攻撃側の交通線は、防御側から攻撃されやすい。……

そこでは敵に大きな損害を与えることが目的ではなく、その糧食の給養《きゅうよう》を妨害し、困難にさせるだけで十分な効果があがったこととなる。……交通線が長くない場合、〔妨害の効果が思わしくないことがあるが、それでも〕長時間にわたり繰り返し脅威を及ぼすことで、効果をあげることができる。（7篇16章4）

防御は待ち受けと積極行動からなり、両方が混合して防御を成す

防御は待ち受けと攻撃への対処という、性質を異にする二つの部分からなる。……だが、防御活動の全般で、前半は待ち受けのみ、後半はただ対処するのみ、というように時間的にはっきり二分されるものではない。二つの状態が混合されているのであり、しかも、一筋の糸のように、終始、待ち受けが防御という行動を貫いている。（6篇8章）

国内への退却で、攻撃側は前進により兵力の分割で力を弱める

国内への退去により防御側は、要塞を使って抵抗でき、攻撃側はそのため兵力を削減させられる。……そのような要塞がたとえなくとも、防御側は、国境では有していなかった抵抗力や優勢を次第に回復できるようになる。前進につれて攻撃側が、絶対的に戦闘力を弱めたり、兵力の分割の必要性から戦略的攻撃の力を弱めたりするからである。

（6篇8章）

防御にあっても、敵軍の侵入で国土が蹂躙《じゅうりん》されるなど犠牲が伴う

〔国内への退却などで〕防御側の抵抗力が増大し、それゆえ反撃の強度も強ま

る。……このような防御側の利点の増大は、無償で得られるものか？――とんでもない。それ相応の犠牲は強いられるのだ。自国の戦場の内部で敵を待ち受けるならば、たとえ国境の近くでも敵軍が足を踏み入れるのであり、それとともに多かれ少なかれ犠牲が生じることは免れえない。

（6篇8章）

防御もまた、積極的原理をまったく欠くものであってはならない

敵の完全な撃滅を目標に掲げることのできる司令官が、防御だけに専念することはありえない。そもそも専守防御の直接の目的は、既に保有しているものを維持することにある。従ってまったく積極的原理を欠いた防御などというものは、戦略的にも戦術的にもありえようはずはなく、戦争本来の性格と矛盾する。だから、どんな防御側も、防御の有利という点を利用した後は、直ちに攻撃に転じなければならない。

（8篇4章）

敵領土の一部占領の可否は、継続的確保の見通しなど三条件による

敵領土の一部占領という〔限定的〕目標を立てうるか否かは、次の三条件を満たせるかどうかにかかっている。〔第一に〕占領地を継続して確保し得る見込みはあるか否か、〔第二に〕一時的な占領（侵略か陽動作戦での占領）が、占領のためのコストに見合うものか否か、〔第三は〕特に、敵・味方の均衡を覆すような強力な逆襲の恐れがないか否か、である。

（8篇7章）

敵領土の占領では、得る利益よりも損害の方が一般に大きい

一般に、敵の領土を征服して得るものより、自国を敵に占領されて失うものの方が大きい。敵領土での占領地と、自国領土での被占領地の価値が、同じ場合で

もそうである。占領する際に自国の多くの兵力が浪費されるからである。……自国領土の保持はつねに切実な問題なのである。また、国土の一部が占領されて被る苦痛は、敵地の占領で得られるものがはるかに大きくないと、相殺されはしないのである。（8篇7章）

コラム❽「戦争のグラマー」とは何か？

『戦争論』8篇6章Bに「戦争には独自の方法《グラマー》のようなものはある。しかし、戦争には独自の論理などは決してありはしない。それゆえ戦争は、決して政治的関係から切り離しえないものである」（本書41頁）との有名な文がある。

本書で「方法」と訳したのは、英訳ではgrammarだ（独語Grammatik）。「戦争には文法はあるが、独自の論理などない」とされる場合が多く、分かった気になるがひっかかる。岩波文庫の索引では文法はこの1カ所だけで、ネットの独文テキストを検索にかけても、他に見当たらない。

編訳者（加藤）は文法という言葉から、意識せずに制御可能なものを連想するが、どうなのか。現代の戦略理論家グレイはこれを重視し『現代の戦略』（中央公論新社）の中心概念にしている。文法は学ばなければならないとし、文法が変化することも強調している。クラウゼヴィッツへの崇拝では人後に落ちない戦略論者だけに誤読はないと思われるので、迷うところだ。

意外な独語文献に言及があった。C・シュミット『政治的なものの概念』（未来社、原注10）だ。「戦争は、それ自身の『文法』（すなわち軍事的・技術的特殊法則）をもちはするが、その『頭脳』は、いぜんとして政治なのであって、戦争『独自の論理』は存在しない」と。（ ）内はシュミットが加えたもので、これがヒントになる。

「文法」は自然に身につくもの、との編訳者の思い込みは強すぎたようで、関係者は必ず習い、身につけている「決まりきったもの」くらいなのだろう。多少は変化もすると思われるから、グレイの言うニュアンスもあながち的外れではないだろう。

いずれにせよグラマーの訳語はもう少し考える必要があるのではないか。

15
軍事行動の中断

解説

防御の方が攻撃より利益が大きいというクラウゼヴィッツは、そこから軍事行動にも中断が生じやすいと、論を進める。双方が好機を待つ場合に限られないのだ。また戦場では敵状を明確に把握できないので、過大に判断しがちであり、このことからも慎重になる。そして軍事行動が頻繁に中断されるケースも出てくるが、そうなると時間的余裕が生じ、蓋然性と合理的推測による「計算づく」の動きとなっていく。

双方が好機を待とうという場合にのみ、行動の停止がありうる

敵・味方双方が戦闘の準備を整える場合、そこには必ず両者を敵対させる原因があるに違いない。両者が戦争の準備状態を続け、講和を結ばない場合、その敵対の原因は引き続き存在しているものと考えなければならない。そして、行動が停止されるのは、双方ともに、より有利な時機を待つという判断をしている場合だけである。

（1篇1章13）

力の均衡だけでは、軍事行動の中断とはならない

敵・味方の力が完全に均衡状態にある場合でも、軍事行動の停止は起こりえない。そのような場合には、積極的な目的を有する側（攻撃側）が先ず戦端をひら

くに違いないからである。……このように、均衡の概念でも、軍事行動の中断を説明するには足りない。均衡状態も、いっそう有利な時期をうかがっている状態以外の何ものでもないのだ。

（1篇1章13）

防御は攻撃より利益が大きく、それが軍事行動の停止を生む

私の確信するところでは、（正しい意味での）防御の利益は極めて大きく、一見、想像される以上に大きいものである。戦争中に生じる軍事行動の停止期間は、その少なからぬ部分が、実にこのことに由来している。それは戦争の本質と決して矛盾しはしない。この攻撃と防御の相違から、軍事行動への動機が弱いほど頻繁に、行動は中断されるという結果になる。

（1篇1章17）

人間は本性からして、敵状を過大に評価し、必要以上に慎重となりやすい

軍事行動を停止せざるをえないもう一つの理由がある。それは敵状をその場その場で完全に洞察できないという事情だ。……人間の本性からして、敵の戦力を過大に評価しがちであり、それを考慮すると、〔敵状など〕状況を完全に認識しえないことは、一般に軍事行動を停止させ、軍事行動の極限化を止める作用をはたす。

（1篇1章18）

軍事行動が頻繁に停止されると、計算づくの行動になっていく

軍事行動が緩慢になり、しばしば停止され、その期間が長びくと、敵状認識の誤りを是正できる可能性が広まる。また、戦争当事者にとっては、蓋然性と〔確

実と思われる」推量を重視できるようになる。その結果、観念的に無制限の方向に向かわず、すべてを蓋然性と推量による計算に基づいて考えるようになる。……それに多くの時間を割く余裕がもたらされるからである。

（1篇1章19）

戦争では、敵を次第に消耗させる手段として、抵抗もありうる

敵をして戦闘に疲弊させるとの考えには、……敵の物質的戦闘力と意志を次第に消耗させることが意味されている。……そこでの最小の目的は純粋な意味での抵抗である。……抵抗といえども一種の活動であり、活動である限り敵の戦闘力の多くを破壊し、その意図を断念させねばならない。しかし、ただ敵の意図を断念させることが目標となっている点で、消極的な性質のものなのである。

（1篇2章）

相手が逃げ回れば戦闘は始まらないのだが、近年、変化が見られる

〔一方が他方に挑めば戦闘が始まると考えられているが、実際には〕戦闘は、敵味方双方の同意なしには生じえない。……〔古くは〕《敵に戦闘を挑むも敵これに応ぜず》といった表現が用いられた。近代初期の軍隊でも、防御側は戦闘を避けようと思えば幾分かはその手段を見出せた。……だが三十年このかた戦闘によって雌雄《しゆう》を決しようとする者にとっては障害物がなくなり、自由に敵を追跡し攻撃できるようになった。

（4篇8章）

コラム❾ ウェーバーとクラウゼヴィッツ

同じドイツ人だが、社会学者ウェーバー（1864－1929）はクラウゼヴィッツ（1780－1831）より時代がずっと後だ。また、ウェーバーが『戦争論』に影響を受けたという話もきかないが、全然関係ない、とも言い切れないように思う。

クラウゼヴィッツの「絶対戦争」の概念をどう解釈するかに関わる問題だ。編訳者（加藤）は政治社会学を専攻し、ウェーバーを熱心に読んできたが、『戦争論』の絶対戦争のくだりを読んですぐ、《これはウェーバーの「理念型」だな》という想いがした。敵を殲《せん》滅《めつ》するのが戦争だという、戦前の「絶対戦争」の解釈とはまったく別の解釈である。

レクラム版の翻訳者の一人、川村康之・防衛大教授の解説本（『90分で名著快読 クラウゼヴィッツ『戦争論』』）などを読むと、「理念型」という言葉こそ使われてはいないが、それに近い解説があった。

その内に、ホイザー『クラウゼヴィッツの「正しい読み方」』が奥山真司氏らの翻訳で出版され、そこにウェーバーの枠組みでこそ、正しく解釈できるとの説が紹介してある。本書をまとめる直前のことで、編訳者は「絶対戦争は究極的な『理念型』」と書き加えた。

本書47頁以下をよく読んで頂きたいのだが、絶対戦争は理論的に純粋な「理念型」のようなものとして考えられており、それに近い戦争もあれば、そうでない戦争もある、ということである。

また、クラウゼヴィッツとウェーバーとくれば、これまた著名なフランスの社会学者レイモン・アロン（1905－83）を忘れることができない。アロン『戦争を考える』にも、同様の指摘がなされている。

16
戦争と時間

解説

戦闘では勝敗が決定される時点、分岐点というものがあり、その見極めが肝心だ。それを過ぎれば援軍を送っても無駄であり、勝った方では追撃が重要となる。時間の経過は敗者に有利に作用するから、時を失わず、敵の物質的戦闘力を破壊せよ。自軍の兵士は休息を求めようが、司令官は追撃を決断しなければならない。不利益も生じるが、ひたすら前進あるのみだ。敵の精神力はいずれ回復すると、覚悟しておかなければならない。

戦争には停滞の時期もあるが、すぐ緊張が高まることもある

大半の戦役では軍事行動よりも、停滞の時間がはるかに長い。……双方が積極的行動に出ようとしない時が、均衡が成立している時だ。……だが、一方が新たに積極的な目的を抱き、活動を開始して、相手が対抗すると戦力の緊張が生じる。これは決着がつくまで終わらない。一方がその目的を放棄するか、目的が貫徹されるかする時まで続く。

（3篇18章）

勝者は敵の物質的戦闘力を破壊せよ。敵の精神力は回復することがある

勝者は時を失わず物質的戦闘力の破壊により、本来の利益を生み出さねばならない。そこで得られるものだけが確実なのだ。精神力は次第に回復され、……勇

気は再び高揚する。場合によっては復讐心や強烈な敵愾心《てきがいしん》を掻《か》き立てることになり、逆転効果さえ生じうる。それに対し、死傷者、捕虜、大砲の収奪などで得た利益は決して計算から消えない。

（4篇4章）

退路の遮断は、勝敗に決定的影響を及ぼす

二方面で戦わねばならぬ危険は重大だ。だが退路を完全に遮断される危険は、それ以上に恐るべきものだ。これらの危険は、戦闘部隊の運動や抵抗力を麻痺させる。それどころか、勝敗に決定的な影響を与える。それだけでなく、敗北の場合は全軍壊滅の危険すら生じる。軍の背後が脅かされると、敗北が濃厚になると同時に、敗北が決定的となるのである。

（4篇4章）

優勢な側は戦闘の早い決着がよいし、劣勢な側は長引くのが都合よい

戦闘の継続期間の長短は、いわば副次的、二義的な結果と見なされるべきである。勝っている側にとっては勝負が早くついた方がよいし、敗けている側にとっては戦闘の継続期間が長いほどよい。速やかな勝利は勝者の力を増すものであり、敗北決定の遅滞は損失を少なくするものである。

（4篇6章）

戦闘には、勝敗の決定を示す時点が必ず存在する

あらゆる戦闘には、勝敗の決定を指し示す時点が必ず存在するものである。……それ以後に戦闘が再開される場合、古い戦闘の続行ではなく、新しい戦闘と見なされねばならない。この時点を明確に見極めるのは、援軍を急ぎ、戦闘を再

開する必要の有無を決定する上で極めて重要だ。挽回の望みのない戦闘では、新たに兵力を投入しても無駄な犠牲となろう。

（4篇7章）

勝敗の分岐点を過ぎれば、援軍を送っても無駄である

不利な戦闘に援軍を送るべきか否か――。戦闘が終結したと見なされない場合には、援軍を得て始められる新たな戦闘は、以前の戦闘と一体のものとなり、全体としての結果をもたらす。その時、当初の不利はまったく計算から外される。しかし、既に勝敗が決してしまった後では、そうではない。

（4篇7章）

追撃がなければ、勝利は大きな効果を持ちえない

追撃がなければ、勝利は大きな効果を持ちえない。……たとえ勝利が確実だとしても、同日中になされる追撃によって完成されないかぎり、その勝利はなお、極めて弱いものであり、その後の軍事行動に大きな利益をもたらすことはできない。追撃の中で初めて、勝利の具体化というべき戦利品が得られるのである。

（4篇12章）

休息を求める兵士の中で、追撃を決断するのが司令官だ

兵士も人間であり、いろいろな欲望や弱点を有している。そして必ずそれは高級司令官（将帥）に影響を及ぼす。何万という部下の兵士が、休息と保養を欲

し、とりあえず危険と辛労の舞台に幕が下りるのを願っている。……その結果、必要な追撃が十分に行われないことが多くなる。そこで追撃を可能にするのは、ただ司令官の名誉心、気力、堅忍不抜《けんにんふばつ》だけである。

（4篇12章）

どんな国も、一回の会戦に運命が託されていると考えてはならない

いかなる国も、どんな決定的な会戦であろうとも、ただ一回きりの会戦に運命が委ねられ、存亡が託されている、と考えるべきではない。たとえその国が一度敗北しても、新兵の招集で回復することがあるし、敵も攻撃続行の中で兵力が自然に消耗したりして、事態が大きく変わる可能性は残されているものである。外国からの援軍も考えられないわけではない。

（6篇26章）

小国といえども唯々諾々と降伏せず、最後の努力を示さなければならない

いやしくも国家たる限り、例え敵に対してどれほど弱い小国であろうとも、滅亡の淵に臨んで最後の努力を惜しむことがあってはなるまい。さもないと《魂の抜けた国家》との誹《そし》りを受けることになろう。……一国家がどれほど惨憺《さんたん》たる敗北を喫しようとも、唯々諾々として降伏する前に、まず国内へ軍隊を退かせ、要塞とゲリラの威力を十分に発揮させるよう努めねばならない。（6篇26章）

戦争には《勝利の極限点》というものがあり、その見極めが肝要だ

攻撃で前進を続けていれば、侵攻側の優勢が維持され、また……勝利の道程の終局面で防衛に転じても、相手側より弱体になる危険はなかろう、と考える者も

あるだろう。しかしながら歴史を見れば、戦局が急転回する最大の危険は、攻撃を停止し、防御に転じる、まさにその瞬間に出現するのを、認めないわけにはいかない。〔司令官はここで誤ってはならない〕。

（7篇〔22章付論〕）

戦争での時間は、勝者よりも敗者に有利に作用する

交戦する両者では、いずれの側が時間によって特別な利益を得るのか。……これは明白に敗者の側である。……心理学の法則に基づくものだ。勝者に対する羨望、嫉妬、不安、そして時には敗者への同情の念、これらすべては敗者に自然な味方として作用する。敗者の友邦を奮起させたり、他方、勝者の側で同盟関係を弱め、分裂させたりするかもしれないからだ。時間によって大きな利益を受けるのは敗者である。

（8篇4章）

行動の完遂には時間がかかるが、征服は速やかに行うべきだ

どんな征服も短期間には完了できず、行動の完遂にはどうしても時間がかかるものである。だが、時間が経過すると、征服は容易になるのではなく、かえって困難になる。……征服を完遂するに足る力を有する時には、中断することなく一気にそれを遂行しなければならない。

（8篇4章）

一つ勝利したなら、息を継《つ》がずに追撃し、拠点を攻撃せよ

大勝利を戦いとったなら、休憩、息継ぎ、態勢の立て直しなど、すべて論外である。躊躇《ちゅうちょ》なく追撃するのみである。また、必要な場合には、新たな方向に攻撃したり、敵の首都を攻略したり、敵の援軍や根拠地を攻撃することとなろう。

追撃には中断もありうるが、原則としては前進あるのみだ

（8篇9章）

敵の撃滅を意図するなら、理論上は敵に向かっての前進だけが求められる。ただ、危険があまりにも大きいとして、高級司令官が前進を中断するのは許される。しかし、より巧みに敵を撃滅するため、前進を止めるなどというのは、理論上、厳しく非難されるものだ。

（8篇9章）

追撃はひたすら前進だ。それに伴う不利益は不可避のものと見よ

敵の崩壊が徐々に進む場合もなくはないが、……〔時間を置くと〕敵がその間

に戦力を回復したり、強力な抵抗を準備したり、新たに外国から援軍を得たりする。逆に、一気に進むなら、昨日の成果は今日の成果を確実にし、燎原《りょうげん》の火が燃え広がるように、一切を焼き尽くす。……安全を確保するため、前方への突進をためらうことなど、あってはならない。……脇目も振らず前進するのに伴う不利益は、不可避のものと見なすべきだ。（8篇9章）

コラム⑩ 理念型としての絶対戦争①

『戦争論』はドイツの知識層にも難しいようだ。楽屋話になるが、分からない時にドイツ人の教授に質問するのだが、分からないとの返事も多い。戦前の解釈はドイツでも酷く、特に絶対戦争はそうだ。

そこでウェーバーの「理念型」を持ち出したいのだが、まず川村康之教授の絶対戦争についての説明である。――絶対戦争は、「クラウゼヴィッツが戦争を分析するために作り出した」もので、「現実にはない概念上の戦争」だ。「暴力が極限までエスカレートした状態」だが、現実の戦争は各種要因の影響を受けており、「極限までエスカレート」はせず、現実の戦争は多様である。

理念型の簡にして要をえた定義が辞書にあった（『大辞泉』）。「複雑多様な現象の中から本質的特徴を抽出し……論理的に組み合わせた理論的モデル。それを現実にあてはめて現実を理解し、説明しようとする理論的手段。現実を素材として構成されるが、現実そのものとは異なる」

理念型を用いて絶対戦争が概念化されているのが分かろう。ウェーバーの説明を確認しておく。『社会学論集』（青木書店）の巻頭論文だ（徳永恂訳、55頁）。

理念型は「思考のうえでの構成物」であって、「純粋に理念的な限界概念」（極限概念）。「われわれはそれを基にして、現実について経験された内容のうち重要な特定の部分をあきらかにするために、現実を測定し比較しようとするのである」

つまり、絶対戦争という概念をつくっておくことで、戦争の特徴を明確にでき、現実にある戦争については、それがこの理念型とどれだけ違っているかを比較検討できるというわけである。

これを踏まえて「絶対戦争」の説明を読むのと、そうでないのとでは相違は絶大だ。

17
戦争と同盟

解説

戦争には同盟関係が影を落としている。『戦争論』は、外交関係への記述が乏しいとの評もあるが、分量こそ多くないものの、重要な考察が含まれている。敵陣営を離間《りかん》したり、敵への協力を停止させたりするなど、敵・味方の同盟関係を変え、それだけで勝利する場合もあるとしている。勝っても負けても同盟関係には変化が及ぶ。「存立の意欲と実力のない国を、外国の力だけで維持するのは難しい」という、戦後日本の風潮には耳の痛い話も出てくる。

国際的な政治関係を変化させることで、勝利を生む場合がある

敵の戦闘力を完全に壊滅させなくとも、……勝敗に影響を及ぼす手段がある。政治的な工作がその一つである。敵の同盟国を離間させたり、敵国への協力を停止させたり、はたまた自国に新しい同盟国を求めたりすることである。敵・味方の政治的関係を変え、味方に有利な状況を作り出すなど、さまざまな工作ができる。（1篇2章）

国際社会には現状維持的傾向があり、バランスを崩す動きには抵抗する

〔国際社会では勢力バランスの変化を嫌う傾向があり、〕欧州が一千年にわたって存続してきたのは、列国の総利害の現状維持的傾向に基づいているためなの

は、疑いない。……歴史を振り返ると、バランスを著しく破壊する変動が起これば、列国の多数派はいち早くこれに反対し、この変動を打破しようとするか、緩和させる動きを見せるものである。

（6篇6章）

無能卑屈で防御一辺倒なら、他国に支援されず、没落する

無邪気で防御一辺倒の国が、他国に支援されず、没落したケースとしては、〔十八世紀後半の〕ポーランドの分割を挙げるのが恰好《かっこう》の例であろう。八〇〇万の人口を有する国家が消滅し、国境を接する三国によって分割されたとき、武力でポーランドを救援しようとする国家は、一つとして現れなかったのである。

（6篇6章）

存立の意欲と実力のない国を、外国の力だけで維持するのは難しい

ポーランドが防御能力のある国だったなら、三列強〔プロイセン、ロシア、オーストリア〕も、容易にポーランド分割を決められなかっただろう。またポーランドの存立に大きな利害を有していたフランス、スウェーデン、トルコなど列強も、武力でその維持・存続に協力しただろう。だが、その国自身に存立の能力なく、外部の力でのみ存続を図るというのは、そもそも虫のいい話なのである。

（6篇6章）

政治的、軍事的に健全でない国は同盟国の救援をあてにできない

外国〔同盟国〕の救援を期待し得る機会は、一般に攻撃側よりも防御側にあ

る。……その国の存亡が他の諸国に重大な影響を有しているほどそうである。つまり、その国の政治的、軍事的な状態が健全で、有力であれば、それだけ外国からの救援を期待しうる程度が大きくなるのである。

（6篇6章）

勝っても敗けても同盟関係には変化が及ぶ

大国が敗れた場合、同盟していた小国は直ちに離反していくのが普通であり、かくて戦勝国側は、敵に一撃を加えるたびに強くなっていく。だが、敗れたのが小国で、その存立が危うい事態に及んでいくと、保護する勢力が多く現れるだけでなく、はじめその小国を攻撃した時には勝利者に味方した国も、攻撃者が強大になることを恐れ、寝返りを打つことさえもある。

（7篇付論）

他国の危機に際し、同盟国は自国のことのように真剣にはならない

他国の危機に際し、手を差し伸べようとする国があったとしても、自国の危機のことのように真剣になるとは、誰も思わない。いくらかの援軍を送ってみて、進捗はかばかしくない状況になると、自分たちの義務は果たしたとばかりに、犠牲の少ないうちに難局から上手に逃れようとするものだ。

（8篇6章A）

複数の国が協力する場合も、別の国の二人の司令官が同じ戦場に立つほどまずいことはない

〔複数の国が協力して戦う場合、異なる国の軍を混合させて〕戦闘力を結合できれば別だが、そうでない場合、中途半端に戦闘力を分割するよりも、完全に分割してしまった方がよいのはいうまでもない。異なる国の二人の独立司令官が同

じ戦場に立つほどまずいことはない。

（8篇9章）

コラム⑪ 理念型としての絶対戦争②

「理念型」という言葉をクラウゼヴィッツの解釈に入れる第一の効用は、それが「本質」とか「定義」だとかいうものではない点を、明確にしてくれることだ。

ナポレオン以後の戦争は「絶対戦争」になったなどと言うと、戦争の本質がそこにあるとの理解に傾く。他のものは例外になってしまう。

クラウゼヴィッツの議論は、丹念に読むなら、そうではない、というのが今日の幅広い理解である。極限までエスカレートした戦争が絶対戦争であり、「現実の戦争」は各種要因により抑制され、そこに至らないでいる、という理解である。

ただ、ここから二つに分岐する可能性がある。一方は理念型に近い理解である。他方は理念型と類似のものながら、両極概念で捉えるものだ。それは社会科学方法論などというほど厳格でなくとも、一般に用いられている。政治的立場を言う《右翼―左翼》や、日本酒・白ワインの《甘口―辛口》など、両極端を想定して、両極からなる軸のどこかに現実のものを位置付けていくものである。

絶対戦争は、両極概念と同じなのか違うのかは、論争になろう。編訳者（加藤）は違うと思うが、同じと思う人は反対の極に「限定戦争」（制限戦争 limited war）を置く。絶対戦争から離れてくると、限定戦争に近づくという理解になるのだ。『戦争論』にもそう思わせる記述があるにはある。

しかし、クラウゼヴィッツの記述の多くは、絶対戦争に「近い・遠い」というだけで、反対の極を置かず、「現実の戦争」は多様だというだけのように編訳者は思うのだ。「限定戦争」に類する言葉も、解説書に見られるだけで、『戦争論』の中には見られない。ただ、「現実の戦争」とあるだけなのである。

クラウゼヴィッツ『戦争論』
読書案内

解説

本書は、クラウゼヴィッツ『戦争論』への入門書であり、関心を持たれた読者はぜひ関連の書物を読み進んでいただきたい。参考までに、ここに読書案内を付けておく。一部、絶版になっているものもあるが、ネットなどで古書の入手は難しくはない。復刊を期待する意味もあって掲げておく。

一、全訳

①『戦争論』（上・下）清水多吉訳、中公文庫、二〇〇一年
②『戦争論』（上・中・下）篠田英雄訳、岩波文庫、一九六八年

全訳は二つあるが、どちらも通読にはかなり根気を要する。訳文のスタイルはかなり違っており、評価は分かれるが、日本語に勢いがある分だけ読み通すには①が良いか。ただ、訳文を練る上で参照すると、②が良い箇所も多かった。②にある索引は有難い。

二、部分訳（一部が略された抄訳）

①『戦争論』日本クラウゼヴィッツ学会訳、芙蓉書房出版、二〇〇一年
②『戦争論』淡徳三郎訳、徳間書店、一九六五年
③『縮訳版　戦争論』加藤秀治郎訳、日本経済新聞出版、二〇二〇年

クラウゼヴィッツの原書が一九世紀前半のものなので、古くなっている部分があるのは当然で、読者の便宜を考え、抄訳にするのは意味のあることである。全

訳ばかりを有難がるのは愚かであり、その意味でいろいろな抄訳が試みられてよいのではないか。ドイツのレクラム版に準拠した①は二種の全訳にくらべ「格段に読みやすい」との評判もあるが、訳文にはまだ生硬な印象が拭えない部分がある。②は訳文に勢いがある点が、読み通す上で有り難い。だが、完成度となるとまた別の話で、評価は分かれよう。③の分量は半分程度の①②よりやや少なく、全体の三分の一程度だが、訳文は一段と読みやすくなっているはずだ。戦略論の英語文献の翻訳で定評のある奥山真司氏から、「訳の質は高く」、「金字塔になるものと確信している」と評価いただいた（後掲、四、解説書の④あとがき）。

三、入門書（初級向け）

入門書はきわめて多く、とても全部には目を通せないでいるが、幾つか推薦しておく。

①川村康之『60分で名著快読　クラウゼヴィッツ「戦争論」』日経ビジネス人文庫、二〇一四年

②兵頭二十八『[新訳]戦争論——隣の大国をどう斬り伏せるか』ＰＨＰ研究所、二〇一三年
③大橋武夫『クラウゼヴィッツ兵法』マネジメント社、一九八〇年
④大澤正道『面白いほどよくわかるクラウゼヴィッツの戦争論』日本文芸社、二〇〇一年
⑤守屋淳『もう一つの戦略教科書「戦争論」』中公新書ラクレ、二〇一七年
①は最近のものでは特に優れた解説である。『戦争論』（レクラム版）の翻訳に没頭した後での著作だけに、平易で、レベルの高い入門書に仕上がっている。②はタイトルでは翻訳のような体裁になっているが、解説書である。軍事に詳しい著者ならではの内容で、入門書としてきわめて有益である。③は絶版久しいようだが、内容は捨てがたい。誤植など正して、再版されるのを望みたい。④は①と同様に軽いタイトルだが、内容は充実している。名著『戦後が戦後でなくなるとき』（中央公論社）の著者だけに、戦争論一般についての博識が生かされている。⑤はビジネスに近いクラウゼタイトルで遠ざけられるとしたら、惜しい書物だ。

ヴィッツ解説書の一冊で、最も新しい一冊としてあげておく。

四、解説書（中級向け）

①大橋武夫『クラウゼヴィッツ「戦争論」解説』日本工業新聞社、一九八二年

②柘植久慶『詳解　戦争論――フォン＝クラウゼヴィッツを読む』中公文庫、二〇〇五年

③井門満明『クラウゼヴィッツ「戦争論」入門』原書房、二〇〇六年

④M・ハワード（奥山真司監訳）『クラウゼヴィッツ――「戦争論」の思想』勁草書房、二〇二一年

本書を編集する上で重宝したのは、優れた解説書である。中級向けで推薦できるものを四冊あげた。①と②は『戦争論』から重要な個所を引用しながら、著者なりの解説と補足を加えた書物で、たいへん良く出来ている。本編訳書でもどの部分から言葉を引くかを決めるのに、この二冊がたいへん参考になった。③はよりオーソドックスで優れた解説書。読み込みは徹底しており、記述は信頼でき

る。解説に留まらない論評が少し入っているが、その部分の内容も重要で、本書の編集・訳文作成に役立った。④は第一人者による解説書。分量も手ごろで、訳文も読みやすい。ぜひ目を通したい一冊だ。

五、専門書（上級向け）

①P・パレット（白須英子訳）『クラウゼヴィッツ――『戦争論』の誕生』中公文庫、二〇〇五年

②郷田豊ほか『「戦争論」の読み方――クラウゼヴィッツの現代的意義』芙蓉書房出版、二〇〇一年

③M・I・ハンデル（杉之尾宜生ほか訳）『米陸軍戦略大学校テキスト　孫子とクラウゼヴィッツ』日経ビジネス人文庫、二〇一七年

④M・I・ハンデル（防衛研究所翻訳グループ訳）『戦争の達人たち――孫子・クラウゼヴィッツ・ジョミニ』原書房、一九九四年

⑤B・ホイザー（奥山真司ほか訳）『クラウゼヴィッツの「正しい読み方」』芙蓉

書房出版、二〇一七年

やや高度になるが、本格的に読み進まれる読者にはこれらを薦める。①はよくこなれた翻訳で、内容も優れている。『戦争論』の背景を含めて理解するのに有益である。もっと幅広く読まれてもよいのではないか。②は複数の著者によるもので、参考になる。③と④は同じ著者の書物の翻訳で、どちらか一冊でよいかもしれない。孫子と比較しながらクラウゼヴィッツを解説している。内容も充実している（④ではジョミニについての言及も多い）。⑤はクラウゼヴィッツの晩年とそれ以前の相違を明確に分けて解説している。今後、『戦争論』の理解に欠かせない一冊として評価されるのではないか。本書の編集にもたいへん参考になった。

ほかに、R・アロン（佐藤毅夫・中村五雄訳）『戦争を考える』（政治広報センター、一九七八年）があり、有益な記述が含まれている。原書の後半だけの翻訳であること、訳文が生硬なのが惜しまれる。

六、その他

『戦争論』の理解のためのものに限らず、クラウゼヴィッツに関連した問題を論じているものを幾つかあげておく。

①清水多吉・杉之尾宜生『物語　クラウゼヴィッツ「戦争論」』日本経済新聞出版、二〇一五年

②渡部昇一『ドイツ参謀本部』ワック、二〇一二年（初出、一九七四年）

③クラウゼヴィッツ協会編（クラウゼヴィッツ研究委員会訳）『戦争なき自由とは——現代における政治と戦略の使命』日本工業新聞社、一九八二年

④入江隆則『敗者の戦後』文春文藝ライブラリー、二〇一五年

①では孫子に詳しい杉之尾氏が聞き手となって、清水氏からクラウゼヴィッツの解説を引き出している。『戦争論』の後世への影響などが幅広く語られている。ただ、その分だけ『戦争論』そのものの解説の分量は限られている。②はよく読まれた本だが、『戦争論』の背景を理解するのに役立つ記述も多い。③はクラウゼヴィッツに関する論集で、後の時代への影響などが論じられている。なかで

も、R・アロンによる二篇は見逃せない。④はクラウゼヴィッツの戦争論を手掛かりに、第一次、第二次世界大戦に独自のメスを入れ、日本が抱える問題を浮き彫りにしている。クラウゼヴィッツを知ったなら、ぜひ手を伸ばしたい一冊だ。

あとがき

本書は、クラウゼヴィッツ『戦争論』から重要な箇所を選び、テーマごとに配列したものである。ドイツ語テキストは、Carl von Clausewitz, *Vom Kriege*, Teil 1-3, 1832〜34 である。第一版をもととし、第二版を採用しなかったのは、本書のコラム❷（１０３頁）で述べた通りである。

本書の編集については、先行する諸研究に多くを負っているが、それについては巻末の読書案内を参照いただきたい。訳文の作成にあたっては、先行の全訳・抄訳や英語訳を参照させていただいた。他に、関連する事柄について広島大学の永山博之教授や、防衛大学校の坂口大作教授、相沢淳教授、由良富士雄准教授にご教示いただいた。厚くお礼申し上げたい。ただ、責任が加藤にあるのは言うまでもない。

本書は初め一藝社より単行本として刊行したもので、このほど日経ビジネス人文庫の一冊として刊行するに際し、少し加筆・訂正をほどこした。本来なら本格的な増補を考えるところだが、『縮訳版　戦争論』（日本経済新聞出版）の後、全訳版『戦争論』に向けた作業を続けており、そちらを優先すべきと考え、最小範囲の加筆・訂正にとどめた。

一藝社版の刊行の後、多少、読者の感想にふれてきたが、いろいろな読み方をしていただいて結構かと思う。まったくの入門としてはやや難しいかもしれないが、『縮訳版』へのウォーミング・アップにも使えよう。また、『戦争論』にかなり詳しい方からは、本書でアタマの整理ができた、という感想をいただいており、後で読むのもまたよい、ということかと思う。

『孫子』と同様にビジネス書としてクラウゼヴィッツにふれる読者も多いようだが、そういう読者には、時おり読み直してみるのに良い書物になっているのではないかと思う。

最後に、『縮訳版』と同様、お世話になった日経ＢＰの堀口祐介氏にお礼を申し上げたい。

二〇二二年五月

加藤秀治郎

本書は、２０１７年12月に一藝社より刊行された
『クラウゼヴィッツ語録』を改題・加筆して
ビジネス人文庫化したものです。

編訳者紹介

加藤秀治郎（かとう・しゅうじろう）

1949年生まれ。慶大法卒、同大学院（法学博士）をへて、京都産業大学専任講師、助教授、教授、東洋大学教授を歴任。

現在　東洋大学名誉教授（専攻 政治学）

主要著書

『日本の選挙』（中公新書）、

『日本の統治システムと選挙制度の改革』（一藝社）、

『やがて哀しき憲法九条』（展転社）、ほか

訳書（共訳を含む）

R・ダーレンドルフ著『新しい自由主義』（学陽書房）、

『現代文明にとって「自由」とは何か』（TBSブリタニカ）、

『激動するヨーロッパと新世界秩序』（同）、

『現代の社会紛争』（世界思想社）、『政治・社会論集』（晃洋書房）、

R・ドーソンほか著『政治的社会化』（芦書房）、

W・ラカー著『ヨーロッパ現代史ⅠⅡⅢ』（芦書房）、

D・R・キンダー著『世論の政治心理学』（世界思想社）、

H・D・ラスウェルほか著『権力と社会』（芦書房）ほか

nbb
日経ビジネス人文庫

『戦争論《せんそうろん》』クラウゼヴィッツ語録《ごろく》

2022年6月1日　第1刷発行

編訳者
加藤秀治郎
かとう・しゅうじろう

発行者
國分正哉

発行
株式会社日経BP
日本経済新聞出版

発売
株式会社日経BPマーケティング
〒105-8308 東京都港区虎ノ門4-3-12

ブックデザイン
鈴木成一デザイン室

本文DTP
マーリンクレイン

印刷・製本
中央精版印刷

Printed in Japan　ISBN978-4-296-11424-5

nbb 好評既刊

孫子に経営を読む

伊丹敬之

古来多くの武将が座右の書とした『孫子』。日本を代表する経営学者が、含蓄の深い言葉を選び、トピックごとにまとめ再構成した名言集。

なぜ戦略の落とし穴にはまるのか

伊丹敬之

ベテラン経営者もはまってしまう落とし穴の正体とは——。戦略論の大家が逆転の視点から戦略論をとき明かす。誰も知らなかった「失敗の法則」。

難題が飛び込む男 土光敏夫

伊丹敬之

石川島播磨、東芝の再建に挑み、日本の行政の立て直しまで任された土光敏夫。臨調会長として国民的英雄にまでなった稀代の経済人の軌跡。

経営の失敗学

菅野　寛

経営に必勝法はないが、失敗は回避できる。負けないための戦略、成功確率を上げる方法とは——BCG出身の経営学者による経営指南書。

みんなの経営学 使える実戦教養講座

佐々木圭吾

ドラッカーの「マネジメントは教養である」という言葉を紐解き、金儲けの学問と思われがちな経営学の根本的な概念を明快に解説する。